TABLES OF VECTOR HYPERBOLIC FUNCTIONS IN RELATION TO SHORT ALTERNATING CURRENT LINES

Copyright, 1912

PROF. A. E. KENNELLY

Hyperbolic functions are of great importance in the engineering theory of alternating-current lines; because they enable short and simple formulas to replace long, tedious and unwieldy computations. Nevertheless, the use of vector hyperbolic functions in relation to telegraphic, telephonic, or power-transmission circuits has been retarded by the absence of tables of such functions.* Most of the engineer's formulas of circular trigonometry, in relation to surveying, are brief and easily remembered; but in the absence of the customary tables of circular sines, cosines and tangents, they would have little utility.

---

*The following is a list of the more generally known tables of hyperbolic functions of real variables thus far published, commencing with the best and most comprehensive.

1. "Hyperbolic Functions" by George F. Becker and C. E. Van Orstrand, Smithsonian Institution Publication, Washington, D.C. 1909.

2. "Tafeln der Hyperbelfunctionen und der Kreisfunctionen" by Dr. W. Ligowski, Berlin, Ernst & Korn, 1890.

3. "Nouvelles Tables des Logarithmes" by Major V. Vassall, Paris, Gauthier-Villars, 1872.

4. "The Propagation of Electric Currents in Telephone and Telegraph Conductors." Appendix, by J. A. Fleming, Constable & Co., London, 1911.

The following is a list of Tables of Complex Hyperbolic Functions thus far published:

1. "Hyperbolic Functions" by Dr. James McMahon, Chapter IV of "Higher Mathematics" by Merriam and Woodward, pp. 107-168. Sinh and cosh $(x + jy)$ to $x = 1.5$, $y = 1.5$. Wiley and Sons, New York, 1896.

2. "The Alternating-Current Theory of Transmission Speed over Submarine Telegraph Cables," by A. E. Kennelly. *Proc. Int. El. Congress.* St. Louis. Sec. A, Vol. I, pp. 68-105, 1904. Table of sinh, cosh, tanh, cosech, sech, coth $\rho\ /45°$, up to $\rho = 20$.

3. "The Distribution of Pressure and Current over Alternating-Current Circuits," by A. E. Kennelly, *Harvard Engineering Journal*, 1905-06. Tables of sinh, cosh, tanh, cosech, sech, coth $\rho\ /\delta$ up to $\rho = 1.5$ for five particular values of δ.

4. "Formulæ, Constants and Hyperbolic Functions for Transmission Line Problems," by W. E. Miller, *General Electric Review*, Schenectady, N.Y., May, 1910, Supplement. Sinh and cosh $(x + jy)$ up to $x = 1$, $y = 1$.

5. "Tables of Hyperbolic Functions in Reference to Long Alternating-Current Transmission Lines" by A. E. Kennelly. *Proc. Am. Inst. Electrical Engineers*. Dec., 1911. pp. 2481-2492. Tables of sinh, cosh, tanh, $\rho\ /\delta$, up to $\rho = 0.5$ by steps of 0.1, and δ from 60° to 90° by steps of 1°.

The Tables here presented are extensions of those printed in the *Proceedings of the American Institute of Electrical Engineers* in December, 1911. They extend from $\rho = 0$ to $\rho = 1$ by steps of 0.1, and from $\delta = 45°$ to $\delta = 90°$ by steps of $1°$. They express the required results as plane vector magnitudes, with moduli of five significant digits, and arguments in degrees and three decimals of a degree. Decimals of a degree, rather than degrees, minutes and seconds, have been chosen as being more convenient for electrical engineering computations.

Table I gives $\sinh \rho \underline{/\delta}$
" II " $\cosh \rho \underline{/\delta}$
" III " $\tanh \rho \underline{/\delta}$
" IV " $\dfrac{\sinh \rho \underline{/\delta}}{\rho \underline{/\delta}}$ ⎫
" V " $\dfrac{\tanh \rho \underline{/\delta}}{\rho \underline{/\delta}}$ ⎬ for converting uniform lines into equivalent circuits or conversely.*

These Tables are sufficiently extensive to meet the needs of alternating-current transmission circuits; but are entirely inadequate for telephone circuits. In order to meet all the needs of telephone circuits, it would be necessary to extend ρ to 90, or ninety times as far as these tables are carried; although such large moduli would only have to be used with large arguments. It would also be necessary to extend the arguments from 0° to 90° instead of from 45° to 90°. Even after suppressing all extensions of Tables IV and V, such extensions of Tables I, II, and III for covering all the needs of the telephone engineer would probably make a book of Tables embracing some 500 pages, although less extended Tables might be welcome, so far as they went. It is hoped that the tables here offered may form the nucleus of a future more extensive series.

* "The Application of Hyperbolic Functions to Electrical Engineering Problems," by A. E. Kennelly. The University of London Press, London, 1911.

Table I
HYPERBOLIC SINES

°	0.1		0.2		0.3		0.4		0.5	
45	0.10000	45.100	0.20000	45.353	0.30001	45.860	0.40005	46.532	0.50016	47.391
46	0.099993	46.099	0.19995	46.382	0.29985	46.858	0.39968	47.529	0.49944	48.388
47	0.099987	47.098	0.19990	47.381	0.29969	47.856	0.39931	48.526	0.49872	49.385
48	0.099981	48.097	0.19986	48.380	0.29954	48.854	0.39893	49.520	0.49799	50.378
49	0.099975	49.096	0.19982	49.378	0.29939	49.852	0.39856	50.513	0.49727	51.368
50	0.099970	50.094	0.19976	50.376	0.29923	50.848	0.39820	51.506	0.49656	52.357
51	0.099965	51.093	0.19972	51.374	0.29907	51.842	0.39784	52.497	0.49585	53.342
52	0.099960	52.092	0.19968	52.371	0.29892	52.834	0.39748	53.486	0.49514	54.325
53	0.099955	53.091	0.19963	53.367	0.29877	53.826	0.39712	54.472	0.49444	55.304
54	0.099950	54.090	0.19959	54.362	0.29862	54.818	0.39676	55.458	0.49374	56.281
55	0.099944	55.089	0.19955	55.357	0.29847	55.809	0.39641	56.440	0.49305	57.254
56	0.099939	56.088	0.19951	56.352	0.29833	56.799	0.39607	57.421	0.49238	58.226
57	0.099933	57.086	0.19946	57.347	0.29819	57.787	0.39572	58.400	0.49172	59.195
58	0.099928	58.085	0.19941	58.342	0.29804	58.773	0.39538	59.378	0.49106	60.160
59	0.099922	59.083	0.19937	59.336	0.29790	59.760	0.39505	60.354	0.49041	61.123
60	0.099917	60.082	0.19934	60.331	0.29777	60.746	0.39473	61.330	0.48978	62.085
61	0.099912	61.081	0.19929	61.324	0.29764	61.731	0.39441	62.302	0.48916	63.042
62	0.099907	62.079	0.19925	62.317	0.29751	62.715	0.39409	63.273	0.48855	63.998
63	0.099902	63.077	0.19921	63.309	0.29738	63.698	0.39379	64.243	0.48795	64.950
64	0.099897	64.075	0.19918	64.301	0.29725	64.680	0.39349	65.212	0.48738	65.900
65	0.099893	65.073	0.19914	65.293	0.29712	65.661	0.39320	66.179	0.48681	66.848
66	0.099889	66.071	0.19911	66.284	0.29700	66.641	0.39293	67.144	0.48627	67.794
67	0.099885	67.069	0.19908	67.275	0.29689	67.621	0.39266	68.108	0.48575	68.738
68	0.099881	68.066	0.19904	68.265	0.29678	68.599	0.39240	69.070	0.48523	69.679
69	0.099877	69.064	0.19901	69.255	0.29667	69.577	0.39214	70.030	0.48473	70.617
70	0.099873	70.062	0.19898	70.245	0.29657	70.555	0.39190	70.990	0.48426	71.554
71	0.099869	71.059	0.19895	71.235	0.29647	71.532	0.39167	71.948	0.48380	72.489
72	0.099865	72.057	0.19892	72.225	0.29637	72.508	0.39145	72.905	0.48338	73.422
73	0.099861	73.054	0.19889	73.214	0.29628	73.483	0.39123	73.861	0.48296	74.354
74	0.099858	74.051	0.19887	74.203	0.29620	74.458	0.39104	74.817	0.48257	75.284
75	0.099855	75.048	0.19885	75.192	0.29612	75.432	0.39084	75.771	0.48220	76.212
76	0.099852	76.045	0.19883	76.180	0.29604	76.406	0.39066	76.724	0.48184	77.138
77	0.099850	77.042	0.19881	77.168	0.29596	77.379	0.39050	77.676	0.48152	78.062
78	0.099847	78.039	0.19878	78.156	0.29590	78.351	0.39034	78.628	0.48123	78.986
79	0.099845	79.036	0.19876	79.144	0.29584	79.322	0.39018	79.578	0.48095	79.909
80	0.099843	80.033	0.19875	80.131	0.29578	80.294	0.39004	80.528	0.48067	80.830
81	0.099841	81.030	0.19873	81.118	0.29573	81.266	0.38993	81.477	0.48044	81.750
82	0.099839	82.026	0.19872	82.106	0.29569	82.238	0.38983	82.425	0.48023	82.669
83	0.099838	83.023	0.19871	83.093	0.29566	83.209	0.38973	83.373	0.48004	83.587
84	0.099837	84.020	0.19870	84.080	0.29563	84.180	0.38965	84.321	0.47987	84.505
85	0.099836	85.017	0.19869	85.067	0.29561	85.150	0.38958	85.268	0.47972	85.422
86	0.099835	86.014	0.19868	86.054	0.29559	86.120	0.38952	86.215	0.47960	86.338
87	0.099834	87.011	0.19868	87.041	0.29557	87.090	0.38948	87.162	0.47952	87.254
88	0.099833	88.008	0.19867	88.028	0.29555	88.060	0.38946	88.108	0.47947	88.170
89	0.099832	89.004	0.19867	89.014	0.29553	89.030	0.38944	89.054	0.47945	89.085
90	0.099831	90.000	0.19867	90.000	0.29552	90.000	0.38942	90.000	0.47943	90.000

Example of the use of Table: sinh (0.3/75°) = 0.29612/75.°432 = 0.29612/75°25.′55″
NOTE —sinh $\rho/\delta = 0/\delta$ when $\rho = 0$.

HYPERBOLIC SINES — *Continued*

	0.6		0.7		0.8		0.9		1.0	
°		°		°		°		°		°
45	0.60042	48.437	0.70094	49.676	0.80184	51.108	0.90327	52.728	1.00553	54.531
46	0.59918	49.437	0.69894	50.679	0.79885	52.112	0.89904	53.735	0.99975	55.546
47	0.59793	50.434	0.69695	51.676	0.79587	53.109	0.89482	54.734	0.99394	56.550
48	0.59667	51.426	0.69497	52.666	0.79291	54.099	0.89060	55.725	0.98816	57.543
49	0.59542	52.414	0.69299	53.652	0.78996	55.082	0.88640	56.707	0.98242	58.525
50	0.59418	53.398	0.69102	54.632	0.78703	56.058	0.88224	57.679	0.97672	59.495
51	0.59295	54.379	0.68907	55.606	0.78412	57.026	0.87810	58.642	0.97105	60.453
52	0.59174	55.355	0.68713	56.574	0.78124	57.987	0.87400	59.595	0.96543	61.399
53	0.59053	56.326	0.68521	57.537	0.77838	58.940	0.86993	60.538	0.95986	62.333
54	0.58932	57.293	0.68331	58.493	0.77555	59.886	0.86590	61.472	0.95435	63.255
55	0.58814	58.256	0.68144	59.445	0.77275	60.824	0.86192	62.396	0.94890	64.166
56	0.58698	59.215	0.67959	60.391	0.76999	61.755	0.85800	63.312	0.94353	65.065
57	0.58583	60.171	0.67776	61.331	0.76727	62.678	0.85414	64.218	0.93825	65.952
58	0.58469	61.122	0.67595	62.265	0.76459	63.593	0.85034	65.114	0.93305	66.827
59	0.58357	62.069	0.67419	63.193	0.76195	64.502	0.84660	66.000	0.92795	67.691
60	0.58249	63.013	0.67247	64.117	0.75938	65.405	0.84295	F6.878	0.92295	68.544
61	0.58142	63.953	0.67078	65.036	0.75686	66.300	0.83937	67.747	0.91805	69.385
62	0.58037	64.889	0.66912	65.951	0.75439	67.189	0.83587	68.607	0.91325	70.215
63	0.57934	65.821	0.66749	66.859	0.75197	68.070	0.83244	69.458	0.90856	71.033
64	0.57834	66.749	0.66591	67.762	0.74962	68.944	0.82909	70.300	0.90400	71.841
65	0.57737	67.674	0.66437	68.661	0.74733	69.812	0.82585	71.136	0.89957	72.637
66	0.57643	68.596	0.66288	69.554	0.74512	70.674	0.82270	71.962	0.89527	73.424
67	0.57553	69.515	0.66145	70.444	0.74298	71.529	0.81967	72.780	0.89111	74.201
68	0.57465	70.430	0.66005	71.329	0.74091	72.379	0.81672	73.590	0.88706	74.968
69	0.57379	71.342	0.65870	72.209	0.73891	73.223	0.81387	74.392	0.88320	75.723
70	0.57297	72.251	0.65740	73.085	0.73698	74.061	0.81114	75.187	0.87947	76.469
71	0.57219	73.157	0.65616	73.957	0.73513	74.894	0.80853	75.975	0.87589	77.207
72	0.57145	74.061	0.65498	74.825	0.73337	75.722	0.80602	76.756	0.87247	77.936
73	0.57074	74.962	0.65385	75.689	0.73169	76.544	0.80363	77.530	0.86921	78.656
74	0.57006	75.860	0.65278	76.550	0.73009	77.361	0.80137	78.298	0.86612	79.368
75	0.56941	76.756	0.65176	77.408	0.72858	78.174	0.79924	79.059	0.86320	80.072
76	0.56881	77.649	0.65081	78.263	0.72716	78.982	0.79723	79.815	0.86045	80.769
77	0.56824	78.540	0.64992	79.114	0.72583	79.787	0.79535	80.566	0.85788	81.458
78	0.56772	79.429	0.64909	79.962	0.72459	80.588	0.79359	81.312	0.85549	82.141
79	0.56724	80 317	0.64832	80.808	0.72345	81.385	0.79197	82.053	0.85328	82.818
80	0.56679	81.203	0.64761	81.652	0.72241	82.179	0.79048	82.789	0.85125	83.489
81	0 56638	82.087	0.64697	82.493	0.72146	82.969	0.78913	83.522	0.84940	84.156
82	0.56602	82.970	0.64640	83.332	0.72061	83.757	0.78792	84.251	0.84774	84.817
83	0.56570	83.852	0.64589	84 169	0.71985	84.543	0.78685	84.976	0.84628	85.474
84	0.56542	84.732	0 64545	85.005	0.71919	85.327	0.78592	85.699	0.84501	86.128
85	0.56518	85.612	0.64507	85.839	0.71863	86.109	0.78513	86.420	0 84393	86.779
86	0.56498	86.490	0.64476	86.673	0.71817	86.889	0.78448	87.138	0.84305	87.426
87	0.56483	87.368	0.64452	87.506	0.71781	87.668	0.78397	87.855	0.84236	88.071
88	0.56473	88.246	0.64435	88.338	0.71755	88.446	0.78361	88.571	0.84186	88.715
89	0.56466	89.123	0 64425	89.169	0.71740	89.223	0.78339	89.286	0.84156	89.358
90	0.56464	90.000	0.64422	90.000	0.71736	90.000	0.78333	90.000	0.84147	90.000

Table II
HYPERBOLIC COSINES

	0.1		0.2		0.3		0.4		0.5	
		°		°		°		°		°
45	1.00001	0.287	1.00013	1.148	1.00067	2.578	1.00210	4.578	1.00519	7.141
46	0.99983	0.287	0.99943	1.146	0.99910	2.577	0.99933	4.584	1.00085	7.159
47	0.99966	0.286	0.99873	1.144	0.99753	2.576	0.99655	4.584	0.99649	7.166
48	0.99948	0.285	0.99804	1.141	0.99597	2.571	0.99378	4.578	0.99214	7.165
49	0.99931	0.283	0.99735	1.136	0.99441	2.562	0.99101	4.566	0.98780	7.155
50	0.99914	0.282	0.99666	1.131	0.99285	2.551	0.98824	4.551	0.98347	7.137
51	0.99897	0.280	0.99597	1.123	0.99131	2.536	0.98547	4.528	0.97917	7.109
52	0.99880	0.278	0.99529	1.115	0.98977	2.519	0.98274	4.500	0.97490	7.073
53	0.99863	0.275	0.99482	1.105	0.98825	2.498	0.98003	4.467	0.97063	7.028
54	0.99846	0.272	0.99395	1.094	0.98674	2.474	0.97734	4.427	0.96644	6.973
55	0.99830	0.269	0.99329	1.081	0.98525	2.447	0.97468	4.382	0.96226	6.910
56	0.99814	0.265	0.99263	1.067	0.98377	2.417	0.97205	4.332	0.95814	6.838
57	0.99798	0.261	0.99199	1.052	0.98232	2.383	0.96945	4.276	0.95406	6.756
58	0.99782	0.257	0.99135	1.036	0.98089	2.347	0.96690	4.214	0.95005	6.666
59	0.99766	0.253	0.99073	1.018	0.97948	2.308	0.96438	4.147	0.94609	6.567
60	0.99751	0.249	0.99012	0.999	0.97810	2.267	0.96191	4.075	0.94219	6.460
61	0.99736	0.244	0.98952	0.979	0.97674	2.221	0.95948	3.998	0.93838	6.343
62	0.99721	0.238	0.98893	0.957	0.97541	2.173	0.95711	3.914	0.93465	6.217
63	0.99707	0.232	0.98835	0.934	0.97411	2.123	0.95478	3.826	0.93099	6.083
64	0.99693	0.226	0.98780	0.910	0.97285	2.070	0.95251	3.733	0.92741	5.941
65	0.99679	0.220	0.98725	0.885	0.97163	2.014	0.95031	3.635	0.92393	5.789
66	0.99666	0.214	0.98672	0.859	0.97044	1.955	0.94816	3.532	0.92054	5.631
67	0.99653	0.207	0.98621	0.832	0.96927	1.894	0.94608	3.423	0.91725	5.463
68	0.99641	0.200	0.98571	0.804	0.96814	1.830	0.94407	3.310	0.91407	5.288
69	0.99629	0.193	0.98523	0.775	0.96706	1.764	0.94213	3.193	0.91100	5.106
70	0.99617	0.185	0.98477	0.744	0.96601	1.696	0.94026	3.072	0.90805	4.916
71	0.99606	0.177	0.98433	0.713	0.96500	1.626	0.93846	2.946	0.90521	4.718
72	0.99596	0.169	0.98391	0.681	0.96404	1.553	0.93674	2.816	0.90248	4.513
73	0.99586	0.161	0.98350	0.648	0.96313	1.479	0.93510	2.682	0.89989	4.302
74	0.99576	0.153	0.98312	0.614	0.96227	1.402	0.93354	2.544	0.89742	4.085
75	0.99567	0.144	0.98276	0.580	0.96145	1.324	0.93207	2.403	0.89508	3.861
76	0.99559	0.135	0.98242	0.545	0.96068	1.244	0.93069	2.258	0.89288	3.631
77	0.99551	0.126	0.98210	0.509	0.95996	1.162	0.92938	2.111	0.89081	3.396
78	0.99544	0.117	0.98181	0.472	0.95929	1.078	0.92816	1.960	0.88889	3.155
79	0.99537	0.108	0.98154	0.435	0.95866	0.993	0.92705	1.807	0.88711	2.910
80	0.99531	0.099	0.98128	0.397	0.95808	0.908	0.92603	1.652	0.88548	2.660
81	0.99525	0.090	0.98105	0.359	0.95756	0.821	0.92509	1.494	0.88399	2.406
82	0.99520	0.080	0.98085	0.320	0.95710	0.732	0.92425	1.333	0.88266	2.149
83	0.99515	0.070	0.98067	0.281	0.95670	0.643	0.92351	1.170	0.88147	1.888
84	0.99511	0.060	0.98051	0.242	0.95635	0.552	0.92287	1.006	0.88044	1.624
85	0.99508	0.050	0.98037	0.203	0.95605	0.461	0.92233	0.841	0.87957	1.357
86	0.99506	0.040	0.98026	0.163	0.95580	0.369	0.92189	0.675	0.87886	1.087
87	0.99504	0.030	0.98018	0.123	0.95560	0.277	0.92154	0.508	0.87830	0.816
88	0.99502	0.020	0.98012	0.082	0.95545	0.185	0.92128	0.340	0.87790	0.544
89	0.99501	0.010	0.98009	0.041	0.95537	0.093	0.92112	0.171	0.87766	0.272
90	0.98500	0.000	0.98007	0.000	0.95534	0.000	0.92106	0.000	0.87758	0.000

Example of the use of Table : cosh 0.5/81° = 0.88399/2.°406 = 0.88399/2.°24.′22″.
Note.— cosh ρ/δ = 1.0/0°. when ρ = 0 whatever the value of δ.

HYPERBOLIC COSINES — *Continued*

°	0.6		0.7		0.8		0.9		1.0	
		°		°		°		°		°
45	1.01070	10.254	1.01982	13.890	1.03360	18.010	1.05333	22.567	1.08031	27.487
46	1.00449	10.291	1.01136	13.960	1.02263	18.132	1.03959	22.755	1.06358	27.762
47	0.99825	10.315	1.00289	14.013	1.01164	18.231	1.02583	22.919	1.04680	28.011
48	0.99199	10.327	0.99441	14.050	1.00063	18.309	1.01203	23.059	1.03000	28.235
49	0.98575	10.326	0.98594	14.071	0.98963	18.368	0.99822	23.176	1.01315	28.433
50	0.97953	10.313	0.97748	14.075	0.97864	18.405	0.98443	23.267	0.99632	28.603
51	0.97333	10.287	0.96906	14.061	0.96768	18.421	0.97064	23.332	0.97950	28.743
52	0.96716	10.248	0.96066	14.031	0.95675	18.414	0.95690	23.372	0.96270	28.854
53	0.96103	10.196	0.95232	13.982	0.94587	18.384	0.94320	23.383	0.94596	28.933
54	0.95495	10.131	0.94404	13.916	0.93506	18.332	0.92957	23.367	0.92928	28.981
55	0.94893	10.053	0.93582	13.831	0.92432	18.256	0.91603	23.321	0.91267	28.994
56	0.94296	9.961	0.92768	13.728	0.91367	18.156	0.90257	23.246	0.89613	28.974
57	0.93706	9.856	0.91962	13.606	0.90312	18.031	0.88922	23.140	0.87976	28.917
58	0.93125	9.738	0.91166	13.465	0.89270	17.881	0.87602	23.003	0.86350	28.823
59	0.92552	9.606	0.90382	13.306	0.88240	17.705	0.86294	22.833	0.84739	28.689
60	0.91987	9.461	0.89607	13.127	0.87222	17.505	0.85001	22.631	0.83142	28.518
61	0.91433	9.303	0.88846	12.929	0.86221	17.278	0.83727	22.394	0.81564	28.303
62	0.90889	9.131	0.88100	12.713	0.85237	17.024	0.82471	22.122	0.80008	28.047
63	0.90357	8.945	0.87369	12.476	0.84271	16.743	0.81237	21.814	0.78475	27.745
64	0.89838	8.747	0.86653	12.220	0.83324	16.435	0.80025	21.471	0.76966	27.396
65	0.89332	8.536	0.85954	11.945	0.82398	16.100	0.78837	21.091	0.75484	26.999
66	0.88838	8.312	0.85272	11.652	0.81494	15.738	0.77675	20.673	0.74029	26.555
67	0.88358	8.076	0.84609	11.339	0.80613	15.349	0.76540	20.218	0.72603	26.061
68	0.87894	7.827	0.83966	11.007	0.79757	14.931	0.75435	19.722	0.71212	25.513
69	0.87445	7.565	0.83344	10.656	0.78927	14.486	0.74362	19.188	0.69857	24.911
70	0.87012	7.292	0.82744	10.287	0.78125	14.014	0.73322	18.615	0.68539	24.254
71	0.86596	7.007	0.82166	9.900	0.77352	13.515	0.72317	18.001	0.67261	23.541
72	0.86197	6.711	0.81611	9.496	0.76610	12.990	0.71347	17.348	0.66026	22.772
73	0.85816	6.404	0.81081	9.075	0.75899	12.438	0.70416	16.656	0.64836	21.946
74	0.85454	6.086	0.80576	8.637	0.75220	11.860	0.69527	15.926	0.63692	21.061
75	0.85111	5.758	0.80097	8.183	0.74575	11.257	0.68681	15.156	0.62599	20.115
76	0.84787	5.420	0.79646	7.713	0.73965	10.630	0.67878	14.347	0.61580	19.111
77	0.84484	5.073	0.79222	7.228	0.73392	9.979	0.67121	13.502	0.60577	18.049
78	0.84201	4.718	0.78826	6.729	0.72856	9.306	0.66412	12.621	0.59652	16.929
79	0.83939	4.355	0.78459	6.217	0.72359	8.612	0.65753	11.706	0.58790	15.753
80	0.83698	3.984	0.78121	5.694	0.71901	7.897	0.65145	10.755	0.57991	14.521
81	0.83479	3.606	0.77814	5.159	0.71484	7.164	0.64589	9.776	0.57259	13.237
82	0.83282	3.221	0.77538	4.613	0.71108	6.413	0.64087	8.768	0.56596	11.904
83	0.83108	2.831	0.77293	4.057	0.70774	5.647	0.63641	7.733	0.56005	10.526
84	0.82957	2.436	0.77079	3.493	0.70483	4.867	0.63252	6.674	0.55487	9.105
85	0.82828	2.037	0.76898	2.922	0.70236	4.075	0.62921	5.595	0.55046	7.647
86	0.82722	1.634	0.76750	2.345	0.70033	3.272	0.62648	4.498	0.54683	6.157
87	0.82640	1.228	0.76634	1.763	0.69875	2.462	0.62435	3.386	0.54399	4.642
88	0.82581	0.820	0.76551	1.177	0.69761	1.645	0.62283	2.263	0.54195	3.106
89	0.82546	0.410	0.76501	0.589	0.69693	0.823	0.62192	1.133	0.54072	1.556
90	0.82534	0.000	0.76484	0.000	0.69671	0.000	0.62161	0.000	0.54030	0.000

Table III
HYPERBOLIC TANGENTS

°	0.1		0.2		0.3		0.4		0.5	
		°		°		°		°		°
45	0.100000	44.812	0.19397	44.235	0.29981	43.282	0.39921	41.954	0.49757	40.250
46	0.100010	45.812	0.20006	45.236	0.30012	44.281	0.39995	42.945	0.49902	41.229
47	0.100021	46.812	0.20015	46.237	0.30043	45.280	0.40069	43.942	0.50047	42.219
48	0.100033	47.812	0.20024	47.239	0.30075	46.283	0.40143	44.942	0.50192	43.213
49	0.100044	48.813	0.20034	48.242	0.30107	47.290	0.40217	45.947	0.50340	44.213
50	0.100056	49.813	0.20043	49.245	0.30138	48.297	0.40293	46.955	0.50490	45.220
51	0.100068	50.813	0.20053	50.251	0.30169	49.306	0.40370	47.969	0.50639	46.233
52	0.100080	51.814	0.20062	51.256	0.30201	50.315	0.40446	48.986	0.50789	47.252
53	0.100092	52.816	0.20071	52.262	0.30232	51.328	0.40521	50.005	0.50939	48.276
54	0.100103	53.818	0.20081	53.268	0.30263	52.344	0.40596	51.031	0.51089	49.308
55	0.100114	54.820	0.20090	54.276	0.30294	53.362	0.40671	52.058	0.51239	50.344
56	0.100125	55.823	0.20099	55.285	0.30325	54.382	0.40746	53.089	0.51389	51.388
57	0.100135	56.825	0.20107	56.295	0.30355	55.404	0.40820	54.124	0.51538	52.439
58	0.100146	57.828	0.20115	57.306	0.30385	56.426	0.40892	55.164	0.51687	53.494
59	0.100156	58.830	0.20124	58.318	0.30414	57.452	0.40964	56.207	0.51835	54.556
60	0.10017	59.833	0.20132	59.332	0.30444	58.479	0.41037	57.255	0.51983	55.625
61	0.10018	60.837	0.20140	60.345	0.30473	59.510	0.41107	58.305	0.52128	56.700
62	0.10019	61.841	0.20148	61.360	0.30501	60.542	0.41176	59.359	0.52271	57.781
63	0.10020	62.845	0.20156	62.375	0.30528	61.575	0.41244	60.417	0.52412	58.867
64	0.10020	63.849	0.20164	63.391	0.30555	62.610	0.41311	61.479	0.52552	59.959
65	0.10021	64.853	0.20171	64.406	0.30580	63.647	0.41376	62.544	0.52689	61.058
66	0.10022	65.857	0.20179	65.425	0.30605	64.686	0.41441	63.612	0.52824	62.164
67	0.10023	66.862	0.20186	66.443	0.30630	65.727	0.41504	64.685	0.52957	63.276
68	0.10024	67.866	0.20193	67.461	0.30655	66.769	0.41565	65.760	0.53085	64.391
69	0.10025	68.871	0.20199	68.480	0.30678	67.813	0.41623	66.837	0.53209	65.511
70	0.10026	69.877	0.20206	69.501	0.30701	68.859	0.41680	67.918	0.53330	66.638
71	0.10026	70.882	0.20212	70.522	0.30722	69.906	0.41735	69.002	0.53446	67.771
72	0.10027	71.888	0.20217	71.544	0.30742	70.955	0.41788	70.089	0.53560	68.909
73	0.10028	72.893	0.20223	72.566	0.30762	72.005	0.41838	71.179	0.53669	70.052
74	0.10028	73.898	0.20228	73.589	0.30781	73.056	0.41886	72.272	0.53773	71.200
75	0.10029	74.904	0.20234	74.612	0.30799	74.108	0.41932	73.368	0.53872	72.351
76	0.10029	75.910	0.20239	75.635	0.30816	75.162	0.41975	74.466	0.53965	73.507
77	0.10030	76.916	0.20243	76.659	0.30831	76.217	0.42016	75.566	0.54054	74.667
78	0.10030	77.922	0.20246	77.684	0.30846	77.273	0.42054	76.668	0.54138	75.831
79	0.10031	78.928	0.20250	78.709	0.30860	78.329	0.42088	77.771	0.54215	76.999
80	0.10031	79.934	0.20254	79.734	0.30872	79.386	0.42120	78.876	0.54285	78.170
81	0.10032	80.940	0.20257	80.759	0.30884	80.445	0.42150	79.983	0.54349	79.344
82	0.10032	81.946	0.20260	81.785	0.30894	81.506	0.42177	81.092	0.54407	80.520
83	0.10032	82.953	0.20263	82.812	0.30904	82.567	0.42201	82.203	0.54459	81.699
84	0.10033	83.960	0.20265	83.838	0.30912	83.628	0.42222	83.315	0.54503	82.881
85	0.10033	84.967	0.20267	84.864	0.30920	84.689	0.42239	84.427	0.54540	84.065
86	0.10033	85.974	0.20268	85.891	0.30926	85.751	0.42252	85.540	0.54571	85.251
87	0.10033	86.981	0.20270	86.918	0.30930	86.813	0.42264	86.654	0.54596	86.438
88	0.10033	87.988	0.20270	87.946	0.30933	87.875	0.42274	87.768	0.54616	87.626
89	0.10033	88.994	0.20271	88.973	0.30934	88.937	0.42279	88.883	0.54628	88.813
90	0.10033	90.000	0.20271	90.000	0.30934	90.000	0.42280	90.000	0.54631	90.000

Example of the use of Table: tanh 0.2/70° = 0.20206/69.°501 = 0.20206/69.°30.′04″.
NOTE.—tanh $\rho_l / \delta = 0/\delta$ when $\rho = 0$.

HYPERBOLIC TANGENTS — *Continued*

°	0.6		0.7		0.8		0.9		1.0	
		°		°		°		°		°
45	0.59406	38.183	0.68732	35.786	0.77577	33.098	0.85756	30.161	0.93077	27.044
46	0.59650	39.146	0.69109	36.719	0.78117	33.980	0.86480	30.980	0.93999	27.784
47	0.59898	40.119	0.69495	37.663	0.78671	34.878	0.87229	31.815	0.94950	28.539
48	0.60149	41.099	0.69888	38.617	0.79240	35.790	0.88001	32.666	0.95938	29.308
49	0.60403	42.088	0.70287	39.581	0.79824	36.715	0.88799	33.531	0.96966	30.092
50	0.60660	43.085	0.70691	40.557	0.80421	37.653	0.89620	34.412	0.98032	30.892
51	0.60920	44.092	0.71107	41.545	0.81031	38.605	0.90466	35.310	0.99136	31.710
52	0.61182	45.107	0.71527	42.543	0.81655	39.573	0.91337	36.223	1.00282	32.545
53	0.61447	46.130	0.71952	43.555	0.82291	40.556	0.92231	37.155	1.01469	33.400
54	0.61713	47.162	0.72382	44.577	0.82940	41.554	0.93150	38.105	1.02697	34.274
55	0.61980	48.203	0.72817	45.612	0.83601	42.568	0.94094	39.075	1.03970	35.172
56	0.62248	49.254	0.73257	46.662	0.84274	43.599	0.95063	40.066	1.05287	36.091
57	0.62517	50.315	0.73700	47.725	0.84957	44.647	0.96056	41.078	1.06648	37.035
58	0.62785	51.384	0.74145	48.800	0.85649	45.712	0.97069	42.111	1.08054	38.004
59	0.63053	52.463	0.74593	49.888	0.86351	46.797	0.98106	43.167	1.09506	39.002
60	0.63322	53.552	0.75047	50.990	0.87063	47.900	0.99168	44.247	1.11009	40.026
61	0.63588	54.650	0.75499	52.107	0.87781	49.022	1.00251	45.353	1.12555	41.082
62	0.63852	55.758	0.75950	53.238	0.88504	50.165	1.01353	46.486	1.14144	42.168
63	0.64115	56.876	0.76400	54.383	0.89232	51.327	1.02471	47.645	1.15777	43.289
64	0.64376	58.002	0.76848	55.542	0.89965	52.509	1.03604	48.831	1.17454	44.445
65	0.64633	59.138	0.77294	56.716	0.90698	53.712	1.04753	50.044	1.19173	45.638
66	0.64886	60.284	0.77737	57.902	0.91433	54.936	1.05916	51.289	1.20935	46.869
67	0.65135	61.439	0.78177	59.105	0.92166	56.180	1.07090	52.562	1.22737	48.140
68	0.65380	62.603	0.78609	60.322	0.92894	57.448	1.08268	53.868	1.24589	49.455
69	0.65618	63.777	0.79033	61.553	0.93616	58.737	1.09447	55.204	1.26429	50.812
70	0.65850	64.959	0.79450	62.798	0.94332	60.047	1.10627	56.572	1.28316	52.215
71	0.66075	66.150	0.79858	64.057	0.95037	61.379	1.11803	57.974	1.30221	53.668
72	0.66294	67.350	0.80256	65.329	0.95727	62.732	1.12972	59.408	1.32140	55.164
73	0.66505	68.559	0.80641	66.614	0.96402	64.106	1.14126	60.874	1.34063	56.710
74	0.66708	69.775	0.81014	67.913	0.97060	65.501	1.15260	62.372	1.35986	58.307
75	0.66902	70.998	0.81371	69.225	0.97697	66.917	1.16370	63.903	1.37894	59.957
76	0.67086	72.228	0.81713	70.550	0.98311	68.352	1.17450	65.468	1.39775	61.658
77	0.67261	73.466	0.82038	71.886	0.98898	69.808	1.18493	67.064	1.41620	63.409
78	0.67425	74.711	0.82345	73.233	0.99455	71.282	1.19495	68.691	1.43412	65.212
79	0.67577	75.962	0.82632	74.591	0.99981	72.773	1.20447	70.347	1.45141	67.065
80	0.67718	77.219	0.82899	75.958	1.00473	74.282	1.21344	72.034	1.46790	68.968
81	0.67847	78.481	0.83144	77.334	1.00926	75.805	1.22179	73.746	1.48345	70.919
82	0.67964	79.749	0.83366	78.719	1.01339	77.344	1.22946	75.483	1.49790	72.913
83	0.68068	81.021	0.83564	80.112	1.01710	78.896	1.23640	77.243	1.51110	74.948
84	0.68159	82.296	0.83738	81.512	1.02036	80.460	1.24253	79.025	1.52289	77.023
85	0.68236	83.575	0.83887	82.917	1.02316	82.034	1.24781	80.825	1.53314	79.132
86	0.68299	84.856	0.84009	84.328	1.02548	83.617	1.25219	82.640	1.54170	81.269
87	0.68349	86.140	0.84105	85.743	1.02730	85.206	1.25566	84.468	1.54848	83.429
88	0.68385	87.426	0.84173	87.161	1.02860	86.801	1.25814	86.308	1.55339	85.609
89	0.68406	88.713	0.84214	88.580	1.02937	88.400	1.25963	88.153	1.55637	87.802
90	0.68413	90.000	0.84229	90.000	1.02960	90.000	1.26015	90.000	1.55740	90.000

Table IV

CORRECTING FACTOR $\dfrac{\sinh \theta}{\theta}$

°	0.1		0.2		0.3		0.4		0.5	
45	1.00000	0.100°	1.00000	0.383°	1.00000	0.860°	1.00013	1.532°	1.00032	2.391°
46	0.99990	0.099	0.99975	0.382	0.99950	0.858	0.99920	1.529	0.99888	2.388
47	0.99987	0.098	0.99950	0.381	0.99897	0.856	0.99828	1.526	0.99744	2.385
48	0.99981	0.097	0.99930	0.380	0.99847	0.854	0.99733	1.520	0.99598	2.378
49	0.99975	0.096	0.99910	0.378	0.99797	0.852	0.99640	1.513	0.99454	2.368
50	0.99970	0.094	0.99880	0.376	0.99743	0.848	0.99550	1.506	0.99312	2.357
51	0.99965	0.093	0.99860	0.374	0.99690	0.842	0.99460	1.497	0.99170	2.342
52	0.99960	0.092	0.99840	0.371	0.99640	0.834	0.99370	1.486	0.99028	2.325
53	0.99955	0.091	0.99815	0.367	0.99590	0.826	0.99280	1.472	0.98888	2.304
54	0.99950	0.090	0.99795	0.362	0.99540	0.818	0.99190	1.458	0.98748	2.281
55	0.99944	0.089	0.99775	0.357	0.99490	0.809	0.99103	1.440	0.98610	2.254
56	0.99939	0.088	0.99755	0.352	0.99443	0.799	0.99018	1.421	0.98476	2.226
57	0.99933	0.086	0.99730	0.347	0.99397	0.787	0.98930	1.400	0.98344	2.195
58	0.99928	0.085	0.99705	0.342	0.99347	0.773	0.98845	1.378	0.98212	2.160
59	0.99922	0.083	0.99685	0.336	0.99300	0.760	0.98763	1.354	0.98082	2.123
60	0.99917	0.082	0.99670	0.331	0.99257	0.746	0.98685	1.330	0.97956	2.085
61	0.99913	0.081	0.99645	0.324	0.99213	0.731	0.98603	1.302	0.97832	2.042
62	0.99907	0.079	0.99625	0.317	0.99170	0.715	0.98523	1.273	0.97710	1.998
63	0.99902	0.077	0.99605	0.309	0.99127	0.698	0.98448	1.243	0.97590	1.950
64	0.99897	0.075	0.99585	0.301	0.99083	0.680	0.98373	1.212	0.97476	1.900
65	0.99893	0.073	0.99570	0.293	0.99040	0.661	0.98300	1.179	0.97364	1.848
66	0.99889	0.071	0.99555	0.284	0.99000	0.641	0.98232	1.144	0.97254	1.794
67	0.99885	0.069	0.99540	0.275	0.98963	0.621	0.98165	1.108	0.97150	1.738
68	0.99881	0.066	0.99520	0.265	0.98927	0.599	0.98100	1.070	0.97046	1.679
69	0.99877	0.064	0.99505	0.255	0.98891	0.577	0.98035	1.030	0.96946	1.617
70	0.99873	0.062	0.99490	0.245	0.98857	0.555	0.97975	0.990	0.96852	1.554
71	0.99869	0.059	0.99475	0.235	0.98823	0.532	0.97918	0.948	0.96760	1.489
72	0.99865	0.057	0.99460	0.225	0.98790	0.508	0.97863	0.905	0.96676	1.422
73	0.99861	0.054	0.99445	0.214	0.98760	0.483	0.97808	0.861	0.96592	1.354
74	0.99858	0.051	0.99435	0.203	0.98733	0.458	0.97758	0.817	0.96514	1.284
75	0.99855	0.048	0.99425	0.192	0.98707	0.432	0.97710	0.771	0.96440	1.212
76	0.99852	0.045	0.99415	0.180	0.98680	0.406	0.97665	0.724	0.96368	1.138
77	0.99850	0.042	0.99405	0.168	0.98653	0.379	0.97625	0.676	0.96304	1.062
78	0.99847	0.039	0.99395	0.156	0.98633	0.351	0.97585	0.628	0.96246	0.986
79	0.99845	0.036	0.99385	0.144	0.98613	0.322	0.97545	0.578	0.96190	0.909
80	0.99843	0.033	0.99375	0.131	0.98593	0.294	0.97512	0.528	0.96134	0.830
81	0.99841	0.030	0.99365	0.118	0.98577	0.266	0.97483	0.477	0.96088	0.750
82	0.99839	0.026	0.99360	0.106	0.98563	0.238	0.97458	0.425	0.96046	0.669
83	0.99838	0.023	0.99355	0.093	0.98553	0.209	0.97433	0.373	0.96008	0.587
84	0.99837	0.020	0.99350	0.080	0.98543	0.180	0.97413	0.321	0.95974	0.505
85	0.99836	0.017	0.99345	0.067	0.98537	0.150	0.97395	0.268	0.95944	0.422
86	0.99835	0.014	0.99340	0.054	0.98530	0.120	0.97380	0.215	0.95920	0.338
87	0.99834	0.011	0.99335	0.041	0.98523	0.090	0.97370	0.162	0.95904	0.254
88	0.99833	0.008	0.99335	0.028	0.98517	0.060	0.97365	0.108	0.95894	0.170
89	0.99832	0.004	0.99335	0.014	0.98510	0.030	0.97360	0.054	0.95890	0.085
90	0.99831	0.000	0.99335	0.000	0.98507	0.000	0.97355	0.000	0.95886	0.000

Example of the use of Table: $\dfrac{\sinh 0.3/80°}{0.3/80°} = 0.98593/0.°294 = 0.98593/0.°17./38''$

Note. $\dfrac{\sinh \theta}{\theta} = 1.0/0°$ when $\theta = 0/\delta$

CORRECTING FACTOR $\frac{\sinh \theta}{\theta}$ — Continued

°	0.6		0.7		0.8		0.9		1.0	
		°		°		°		°		°
45	1.00070	3.437	1.00134	4.676	1.00230	6.108	1.00363	7.728	1.00575	9.531
46	0.99863	3.437	0.99849	4.679	0.99856	6.112	0.99893	7.735	0.99975	9.546
47	0.99655	3.434	0.99564	4.676	0.99484	6.109	0.99425	7.734	0.99394	9.550
48	0.99445	3.426	0.99281	4.666	0.99114	6.099	0.98955	7.725	0.98816	9.543
49	0.99237	3.414	0.98999	4.652	0.98745	6.082	0.98488	7.707	0.98242	9.525
50	0.99030	3.398	0.98717	4.632	0.98379	6.058	0.98026	7.679	0.97672	9.495
51	0.98825	3.379	0.98439	4.606	0.98015	6.026	0.97567	7.642	0.97105	9.453
52	0.98623	3.355	0.98161	4.574	0.97655	5.987	0.97111	7.595	0.96543	9.399
53	0.98421	3.326	0.97887	4.537	0.97298	5.940	0.96659	7.538	0.95986	9.333
54	0.98220	3.293	0.97616	4.493	0.96944	5.886	0.96211	7.472	0.95435	9.255
55	0.98023	3.256	0.97349	4.445	0.96594	5.824	0.95769	7.396	0.94890	9.166
56	0.97830	3.215	0.97084	4.391	0.96249	5.755	0.95333	7.312	0.94353	9.065
57	0.97638	3.171	0.96823	4.331	0.95909	5.678	0.94904	7.218	0.93825	8.952
58	0.97448	3.122	0.96564	4.265	0.95574	5.593	0.94482	7.114	0.93305	8.827
59	0.97262	3.069	0.96313	4.193	0.95244	5.502	0.94067	7.000	0.92795	8.691
60	0.97081	3.013	0.96067	4.117	0.94923	5.405	0.93661	6.878	0.92295	8.544
61	0.96903	2.953	0.95826	4.036	0.94608	5.300	0.93263	6.747	0.91805	8.385
62	0.96728	2.889	0.95589	3.951	0.94299	5.189	0.92874	6.607	0.91325	8.215
63	0.96557	2.821	0.95356	3.859	0.93996	5.070	0.92493	6.458	0.90856	8.033
64	0.96390	2.749	0.95130	3.762	0.93703	4.944	0.92121	6.300	0.90400	7.841
65	0.96228	2.674	0.94911	3.661	0.93416	4.812	0.91761	6.136	0.89957	7.637
66	0.96072	2.596	0.94697	3.554	0.93140	4.674	0.91411	5.962	0.89527	7.424
67	0.95922	2.515	0.94493	3.444	0.92873	4.529	0.91074	5.780	0.89111	7.201
68	0.95775	2.430	0.94293	3.329	0.92614	4.379	0.90747	5.590	0.88708	6.968
69	0.95632	2.342	0.94100	3.209	0.92364	4.223	0.90430	5.392	0.88320	6.723
70	0.95495	2.251	0.93914	3.085	0.92123	4.061	0.90127	5.187	0.87947	6.469
71	0.95365	2.157	0.93737	2.957	0.91891	3.894	0.89837	4.975	0.87589	6.207
72	0.95242	2.061	0.93569	2.825	0.91671	3.722	0.89558	4.756	0.87247	5.936
73	0.95123	1.962	0.93407	2.689	0.91461	3.544	0.89292	4.530	0.86921	5.656
74	0.95010	1.860	0.93254	2.550	0.91261	3.361	0.89041	4.298	0.86612	5.368
75	0.94902	1.756	0.93109	2.408	0.91073	3.174	0.88804	4.059	0.86320	5.072
76	0.94802	1.649	0.92973	2.263	0.90895	2.982	0.88581	3.815	0.86045	4.769
77	0.94707	1.540	0.92846	2.114	0.90729	2.787	0.88372	3.566	0.85788	4.458
78	0.94620	1.429	0.92727	1.962	0.90574	2.588	0.88177	3.312	0.85549	4.141
79	0.94540	1.317	0.92617	1.808	0.90431	2.385	0.87997	3.053	0.85328	3.818
80	0.94465	1.203	0.92516	1.652	0.90301	2.179	0.87831	2.789	0.85125	3.489
81	0.94397	1.087	0.92424	1.493	0.90183	1.969	0.87681	2.522	0.84940	3.156
82	0.94337	0.970	0.92343	1.332	0.90076	1.757	0.87547	2.251	0.84774	2.817
83	0.94283	0.852	0.92270	1.169	0.89981	1.543	0.87428	1.976	0.84628	2.474
84	0.94237	0.732	0.92207	1.005	0.89899	1.327	0.87324	1.699	0.84501	2.128
85	0.94197	0.612	0.92153	0.839	0.89829	1.109	0.87237	1.420	0.84393	1.779
86	0.94163	0.490	0.92109	0.673	0.89771	0.889	0.87164	1.138	0.84305	1.426
87	0.94138	0.368	0.92074	0.506	0.89726	0.668	0.87108	0.855	0.84236	1.071
88	0.94122	0.246	0.92050	0.338	0.89694	0.446	0.87068	0.571	0.84186	0.715
89	0.94110	0.123	0.92036	0.169	0.89675	0.223	0.87043	0.286	0.84156	0.358
90	0.94107	0.000	0.92031	0.000	0.89670	0.000	0.87037	0.000	0.84147	0.000

Table V
CORRECTING FACTOR $\dfrac{\tanh \theta}{\theta}$

Note.—All the angles found in this table are negative

a	0.1		0.2		0.3		0.4		0.5	
		°—		°—		°—		°—		°—
45	1.00000	0.188	0.99985	0.765	0.99937	1.718	0.99803	3.046	0.99514	4.750
46	1.00010	0.188	1.00030	0.764	1.00040	1.719	0.99988	3.055	0.99804	4.771
47	1.00021	0.188	1.00075	0.763	1.00143	1.720	1.00173	3.058	1.00094	4.781
48	1.00033	0.188	1.00120	0.761	1.00250	1.717	1.00358	3.058	1.00384	4.787
49	1.00044	0.187	1.00170	0.758	1.00357	1.710	1.00543	3.053	1.00680	4.787
50	1.00056	0.187	1.00215	0.755	1.00460	1.703	1.00733	3.045	1.00980	4.780
51	1.00068	0.187	1.00265	0.749	1.00563	1.694	1.00925	3.031	1.01278	4.767
52	1.00080	0.186	1.00310	0.744	1.00670	1.685	1.01115	3.014	1.01578	4.747
53	1.00092	0.184	1.00355	0.738	1.00773	1.672	1.01303	2.995	1.01878	4.724
54	1.00103	0.182	1.00405	0.732	1.00877	1.656	1.01490	2.969	1.02178	4.692
55	1.00114	0.180	1.00450	0.724	1.00980	1.638	1.01675	2.942	1.02478	4.656
56	1.00125	0.177	1.00495	0.715	1.01083	1.618	1.01865	2.911	1.02778	4.612
57	1.00135	0.175	1.00535	0.705	1.01183	1.596	1.02050	2.876	1.03076	4.561
58	1.00146	0.172	1.00575	0.694	1.01283	1.574	1.02230	2.836	1.03374	4.506
59	1.00156	0.170	1.00620	0.682	1.01380	1.548	1.02410	2.793	1.03670	4.444
60	1.0017	0.167	1.0067	0.668	1.0148	1.521	1.0259	2.745	1.0397	4.375
61	1.0018	0.163	1.0070	0.655	1.0158	1.490	1.0278	2.695	1.0425	4.300
62	1.0019	0.159	1.0074	0.640	1.0167	1.458	1.0294	2.641	1.0454	4.220
63	1.0020	0.155	1.0078	0.625	1.0176	1.425	1.0311	2.583	1.0482	4.133
64	1.0020	0.151	1.0082	0.609	1.0185	1.390	1.0328	2.521	1.0510	4.041
65	1.0021	0.147	1.0086	0.592	1.0193	1.353	1.0344	2.456	1.0538	3.942
66	1.0022	0.143	1.0090	0.575	1.0202	1.314	1.0360	2.388	1.0564	3.836
67	1.0023	0.138	1.0093	0.557	1.0210	1.273	1.0376	2.315	1.0591	3.724
68	1.0024	0.134	1.0097	0.539	1.0218	1.231	1.0391	2.240	1.0617	3.609
69	1.0025	0.129	1.0100	0.520	1.0226	1.187	1.0406	2.163	1.0642	3.489
70	1.0026	0.123	1.0103	0.499	1.0234	1.141	1.0420	2.082	1.0666	3.362
71	1.0026	0.118	1.0106	0.478	1.0241	1.094	1.0434	1.998	1.0689	3.229
72	1.0027	0.112	1.0109	0.456	1.0247	1.045	1.0447	1.911	1.0712	3.091
73	1.0028	0.107	1.0112	0.434	1.0254	0.995	1.0460	1.821	1.0734	2.948
74	1.0028	0.102	1.0114	0.411	1.0260	0.944	1.0472	1.728	1.0755	2.800
75	1.0029	0.096	1.0117	0.388	1.0266	0.892	1.0483	1.632	1.0774	2.649
76	1.0029	0.090	1.0120	0.365	1.0272	0.838	1.0494	1.534	1.0793	2.493
77	1.0030	0.084	1.0122	0.341	1.0277	0.783	1.0504	1.434	1.0811	2.333
78	1.0030	0.078	1.0123	0.316	1.0282	0.727	1.0513	1.332	1.0828	2.169
79	1.0031	0.072	1.0125	0.291	1.0287	0.671	1.0522	1.229	1.0843	2.001
80	1.0031	0.066	1.0127	0.266	1.0291	0.614	1.0530	1.124	1.0857	1.830
81	1.0032	0.060	1.0129	0.241	1.0295	0.555	1.0538	1.017	1.0870	1.656
82	1.0032	0.054	1.0130	0.215	1.0298	0.494	1.0544	0.908	1.0881	1.480
83	1.0032	0.047	1.0132	0.188	1.0301	0.433	1.0550	0.797	1.0892	1.301
84	1.0033	0.040	1.0133	.162	1.0304	0.372	1.0555	0.685	1.0901	1.119
85	1.0033	0.033	1.0134	0.136	1.0307	0.311	1.0560	0.573	1.0908	0.935
86	1.0033	0.026	1.0134	0.109	1.0309	0.249	1.0563	0.460	1.0914	0.749
87	1.0033	0.019	1.0135	0.082	1.0310	0.187	1.0566	0.346	1.0919	0.562
88	1.0033	0.012	1.0135	0.054	1.0311	0.125	1.0568	0.232	1.0923	0.374
89	1.0033	0.006	1.0135	0.027	1.0311	0.063	1.0570	0.117	1.0926	0.187
90	1.0033	0.000	1.0136	0.000	1.0311	0.000	1.0570	0.000	1.0926	0.000

Example of the use of Table: $\dfrac{\tanh 0.4\underline{/71°}}{0.4\underline{/71°}} = 1.0434\,\overline{\backslash 1.°968} = 1.0434\,\overline{\backslash 1.°59.'53''}$.

NOTE. $\dfrac{\tanh \theta}{\theta} = 1.0\underline{/0°}$ when $\theta = 0\underline{/\delta}$.

CORRECTING FACTOR $\frac{\tanh \theta}{\theta}$ — *Continued*

	0.6		0.7		0.8		0.9		1.0	
°		°—		°—		°—		°—		°—
45	0.99010	6.817	0.98189	9.214	0.96971	11.902	0.95284	14.839	0.93077	17.956
46	0.99417	6.854	0.98727	9.281	0.97646	12.020	0.96089	15.020	0.93999	18.216
47	0.99830	6.881	0.99279	9.337	0.98339	12.122	0.96921	15.185	0.94950	18.461
48	1.00248	6.901	0.99840	9.383	0.99050	12.210	0.97779	15.334	0.95938	18.692
49	1.00672	6.912	1.00410	9.419	0.99780	12.285	0.98665	15.469	0.96966	18.908
50	1.01100	6.915	1.00991	9.443	1.00526	12.347	0.99578	15.588	0.98032	19.108
51	1.01533	6.908	1.01581	9.455	1.01289	12.395	1.00518	15.690	0.99136	19.290
52	1.01970	6.893	1.02181	9.457	1.02069	12.427	1.01486	15.777	1.00282	19.455
53	1.02412	6.870	1.02789	9.445	1.02864	12.444	1.02479	15.845	1.01469	19.600
54	1.02855	6.838	1.03403	9.423	1.03675	12.446	1.03500	15.895	1.02697	19.726
55	1.03300	6.797	1.04024	9.388	1.04501	12.432	1.04549	15.925	1.03970	19.828
56	1.03747	6.746	1.04653	9.338	1.05343	12.401	1.05626	15.934	1.05287	19.909
57	1.04195	6.685	1.05286	9.375	1.06196	12.453	1.06729	15.922	1.06648	19.965
58	1.04642	6.616	1.05921	9.200	1.07061	12.288	1.07854	15.889	1.08054	19.996
59	1.05089	6.537	1.06561	9.112	1.07939	12.203	1.09007	15.833	1.09506	19.998
60	1.05537	6.448	1.07210	9.010	1.08829	12.100	1.10188	15.753	1.11009	19.973
61	1.05980	6.350	1.07856	8.893	1.09726	11.978	1.11390	15.647	1.12555	19.918
62	1.06420	6.242	1.08500	8.762	1.10630	11.835	1.12614	15.514	1.14144	19.832
63	1.06858	6.124	1.09143	8.617	1.11540	11.673	1.13856	15.355	1.15777	19.711
64	1.07293	5.998	1.09783	8.458	1.12456	11.491	1.15116	15.169	1.17454	19.555
65	1.07722	5.862	1.10420	8.285	1.13373	11.288	1.16392	14.956	1.19173	19.362
66	1.08143	5.716	1.11053	8.098	1.14291	11.064	1.17684	14.711	1.20935	19.131
67	1.08560	5.561	1.11683	7.895	1.15208	10.820	1.18989	14.438	1.22737	18.860
68	1.08967	5.397	1.12299	7.678	1.16118	10.552	1.20298	14.132	1.24569	18.545
69	1.09363	5.223	1.12904	7.447	1.17020	10.263	1.21608	13.796	1.26429	18.188
70	1.09750	5.041	1.13500	7.202	1.17915	9.953	1.22919	13.428	1.28316	17.785
71	1.10125	4.850	1.14083	6.943	1.18796	9.621	1.24226	13.026	1.30221	17.334
72	1.10490	4.650	1.14651	6.671	1.19659	9.268	1.25524	12.592	1.32140	16.836
73	1.10842	4.441	1.15201	6.386	1.20503	8.894	1.26807	12.126	1.34063	16.290
74	1.11180	4.225	1.15734	6.087	1.21325	8.499	1.28067	11.628	1.35986	15.693
75	1.11503	4.002	1.16244	5.775	1.22121	8.083	1.29300	11.097	1.37894	15.043
76	1.11810	3.772	1.16733	5.450	1.22889	7.648	1.30500	10.532	1.39775	14.342
77	1.12102	3.534	1.17197	5.114	1.23623	7.192	1.31659	9.936	1.41620	13.591
78	1.12375	3.289	1.17636	4.767	1.24319	6.718	1.32772	9.309	1.43412	12.788
79	1.12628	3.038	1.18046	4.409	1.24976	6.227	1.33830	8.653	1.45141	11.935
80	1.12863	2.781	1.18427	4.042	1.25591	5.718	1.34827	7.966	1.46790	11.032
81	1.13078	2.519	1.18777	3.666	1.26158	5.195	1.35754	7.254	1.48345	10.081
82	1.13273	2.251	1.19094	3.281	1.26674	4.656	1.36607	6.517	1.49790	9.087
83	1.13447	1.979	1.19377	2.888	1.27138	4.104	1.37378	5.757	1.51110	8.052
84	1.13598	1.704	1.19626	2.488	1.27545	3.540	1.38059	4.975	1.52289	6.977
85	1.13727	1.425	1.19839	2.083	1.27895	2.966	1.38646	4.175	1.53314	5.868
86	1.13832	1.144	1.20013	1.672	1.28185	2.383	1.39132	3.360	1.54170	4.731
87	1.13915	0.860	1.20150	1.257	1.28413	1.794	1.39518	2.532	1.54848	3.571
88	1.13975	0.574	1.20247	0.839	1.28575	1.199	1.39793	1.692	1.55339	2.391
89	1.14010	0.287	1.20306	0.420	1.28671	0.600	1.39959	0.847	1.55637	1.198
90	1.14022	0.000	1.20327	0.000	1.28700	0.000	1.40017	0.000	1.55740	0.000

TABLE OF SINES, COSINES, TANGENTS, COTANGENTS, SECANTS AND COSECANTS OF HYPERBOLIC ANGLES.

The Sines, Cosines, and Tangents have been taken from Ligowski's Tables published in Berlin in 1890. The Cotangents, Secants, and Cosecants have been deduced from the preceding quantities.

Φ	Sinh. Φ	Cosh. Φ	Tanh. Φ	Coth. Φ	Sech. Φ	Cosech. Φ	Φ
0.00	0.	1.000	0.	∞	1.00	∞	**0.00**
0.01	0.010000	1.000050	0.01000	100.	0.9999	100.	0.01
0.02	0.020001	1.000200	0.02000	50.	0.9998	50.	0.02
0.03	0.030005	1.000450	0.02999	33.34	0.9995	33.333	0.03
0.04	0.040011	1.000800	0.03998	25.013	0.9992	24.99	0.04
0.05	0.050021	1.001250	0.04996	20.016	0.9987	19.992	0.05
0.06	0.060036	1.001801	0.05993	16.686	0.9982	16.657	0.06
0.07	0.070057	1.002451	0.06989	14.308	0.9975	14.274	0.07
0.08	0.080085	1.003202	0.07983	12.527	0.9968	12.487	0.08
0.09	0.090122	1.004053	0.08976	11.141	0.9959	11.097	0.09
0.10	0.100167	1.005004	0.09967	10.033	0.9950	9.983	**0.10**
0.11	0.110222	1.006056	0.10956	9.128	0.9940	9.073	0.11
0.12	0.120288	1.007209	0.11943	8.373	0.9928	8.314	0.12
0.13	0.130306	1.008462	0.12927	7.735	0.9916	7.669	0.13
0.14	0.140458	1.009816	0.13900	7.189	0.9902	7.120	0.14
0.15	0.150563	1.011271	0.14888	6.716	0.9888	6.642	0.15
0.16	0.160684	1.012827	0.15865	6.303	0.9873	6.223	0.16
0.17	0.170820	1.014485	0.16838	5.939	0.9857	5.854	0.17
0.18	0.180974	1.016244	0.17808	5.615	0.9840	5.525	0.18
0.19	0.191145	1.018104	0.18775	5.325	0.9822	5.232	0.19
0.20	0.201336	1.020007	0.19737	5.067	0.9803	4.967	**0.20**
0.21	0.211547	1.022131	0.20696	4.832	0.9784	4.726	0.21
0.22	0.221779	1.024298	0.21652	4.618	0.9763	4.509	0.22
0.23	0.232033	1.026567	0.22603	4.425	0.9742	4.310	0.23
0.24	0.242311	1.028939	0.23549	4.246	0.9719	4.127	0.24
0.25	0.252612	1.031413	0.24492	4.083	0.9695	3.959	0.25
0.26	0.262939	1.033991	0.25430	3.932	0.9671	3.803	0.26
0.27	0.273292	1.036672	0.26363	3.793	0.9646	3.659	0.27
0.28	0.283673	1.039457	0.27290	3.664	0.9620	3.525	0.28
0.29	0.294082	1.042346	0.28214	3.544	0.9591	3.400	0.29
0.30	0.304520	1.045339	0.29131	3.433	0.9566	3.284	**0.30**
0.31	0.314989	1.048436	0.30043	3.328	0.9537	3.175	0.31
0.32	0.325489	1.051638	0.30951	3.231	0.9511	3.072	0.32
0.33	0.336022	1.054946	0.31852	3.140	0.9479	2.976	0.33

Φ	Sinh. Φ	Cosh. Φ	Tanh. Φ	Coth. Φ	Sech. Φ	Cosech. Φ	Φ
0.34	0.346589	1.058359	0.32748	3.053	0.9447	2.885	0.34
0.35	0.357190	1.061878	0.33037	2.973	0.9416	2.800	0.35
0.36	0.367827	1.065503	0.34522	2.897	0.9385	2.719	0.36
0.37	0.378500	1.069234	0.35399	2.825	0.9353	2.642	0.37
0.38	0.389212	1.073073	0.36271	2.757	0.9319	2.569	0.38
0.39	0.399962	1.077019	0.37136	2.693	0.9285	2.500	0.39
0.40	0.410752	1.081072	0.37995	2.632	0.9250	2.434	**0.40**
0.41	0.421584	1.085234	0.38847	2.574	0.9215	2.372	0.41
0.42	0.432457	1.089504	0.39693	2.519	0.9178	2.312	0.42
0.43	0.443374	1.093883	0.40532	2.467	0.9141	2.256	0.43
0.44	0.454335	1.098372	0.41365	2.417	0.9103	2.201	0.44
0.45	0.465342	1.102970	0.42190	2.370	0.9066	2.149	0.45
0.46	0.476395	1.107679	0.43009	2.325	0.9025	2.099	0.46
0.47	0.487496	1.112498	0.43820	2.282	0.8988	2.051	0.47
0.48	0.498646	1.117429	0.44624	2.241	0.8949	2.006	0.48
0.49	0.509845	1.122471	0.45421	2.202	0.8909	1.961	0.49
0.50	0.521095	1.127626	0.46211	2.164	0.8868	1.919	**0.50**
0.51	0.532398	1.132893	0.46995	2.128	0.8827	1.878	0.51
0.52	0.543754	1.138274	0.47769	2.093	0.8785	1.839	0.52
0.53	0.555164	1.143769	0.48538	2.060	0.8743	1.801	0.53
0.54	0.566629	1.149378	0.49299	2.028	0.8700	1.765	0.54
0.55	0.578152	1.155101	0.50052	1.998	0.8658	1.730	0.55
0.56	0.589732	1.160941	0.50797	1.969	0.8614	1.696	0.56
0.57	0.601371	1.166896	0.51536	1.940	0.8570	1.663	0.57
0.58	0.613070	1.172968	0.52266	1.913	0.8525	1.631	0.58
0.59	0.624831	1.179158	0.52990	1.887	0.8480	1.601	0.59
0.60	0.636654	1.185465	0.53704	1.862	0.8435	1.571	**0.60**
0.61	0.648540	1.191891	0.54413	1.838	0.8390	1.542	0.61
0.62	0.660492	1.198436	0.55112	1.814	0.8344	1.514	0.62
0.63	0.672509	1.205101	0.55805	1.792	0.8298	1.487	0.63
0.64	0.684594	1.211887	0.56490	1.770	0.8251	1.461	0.64
0.65	0.696748	1.218793	0.57166	1.749	0.8205	1.435	0.65
0.66	0.708970	1.225822	0.57836	1.729	0.8158	1.410	0.66
0.67	0.721264	1.232973	0.58498	1.709	0.8110	1.387	0.67
0.68	0.733630	1.240247	0.59152	1.690	0.8063	1.363	0.68
0.69	0.746070	1.247646	0.59798	1.672	0.8015	1.340	0.69
0.70	0.758584	1.255169	0.60437	1.655	0.7967	1.318	**0.70**
0.71	0.771174	1.262818	0.61067	1.637	0.7919	1.297	0.71
0.72	0.783840	1.270593	0.61691	1.621	0.7870	1.276	0.72
0.73	0.796586	1.278495	0.62306	1.605	0.7821	1.255	0.73

φ	Sinh. φ	Cosh. φ	Tanh. φ	Coth. φ	Sech. φ	Cosech. φ	φ
0.74	0.809411	1.286525	0.62914	1.590	0.7773	1.235	0.74
0.75	0.822317	1.294683	0.63516	1.574	0.7724	1.216	0.75
0.76	0.835305	1.302971	0.64108	1.5599	0.7675	1.1972	0.76
0.77	0.848377	1.311390	0.64693	1.5457	0.7625	1.1787	0.77
0.78	0.861533	1.319939	0.65271	1.5320	0.7576	1.1607	0.78
0.79	0.874776	1.328621	0.65842	1.5188	0.7527	1.1431	0.79
0.80	0.888106	1.337435	0.66403	1.5059	0.7477	1.1259	**0.80**
0.81	0.901525	1.346383	0.66959	1.4934	0.7427	1.1092	0.81
0.82	0.915034	1.355466	0.67507	1.4813	0.7377	1.0928	0.82
0.83	9.928635	1.364684	0.68047	1.4696	0.7327	1.0768	0.83
0.84	0.942328	0.374039	0.68580	1.4582	0.7278	1.0612	0.84
0.85	0.956116	1.383531	0.69107	1.4470	0.7228	1.0459	0.85
0.86	0.969999	1.393161	0.69626	1.4362	0.7178	1.0309	0.86
0.87	0.983980	1.402931	0.70137	1.4258	0.7128	1.0163	0.87
0.88	0.998058	1.412841	0.70642	1.4156	0.7078	1.0020	0.88
0.89	1.012237	1.422893	0.71139	1.4057	0.7028	0.9881	0.89
0.90	1.026517	1.433086	0.71629	1.3961	0.6978	0.9737	**0.90**
0.91	1.040899	4.443423	0.72114	1.3867	0.6928	0.9607	0.91
0.92	1.055386	1.453905	0.72591	1.3776	0.6878	0.9475	0.92
0.93	1.069978	1.464531	0.73060	1.3687	0.6828	0.9346	0.93
0.94	1.084677	1.475305	0.73522	1.3600	0.6778	0.9219	0.94
0.95	1.099484	1.486225	0.73979	1.3517	0.6728	0.9095	0.95
0.96	1.114402	1.497295	0.74427	1.3436	0.6678	0.8973	0.96
0.97	1.129431	1.508514	0.74870	1.3356	0.6629	0.8854	0.97
0.98	1.144573	1.519884	0.75306	1.3279	0.6579	0.8737	0.98
0.99	1.159829	1.531406	0.75736	1.3204	0.6529	0.8621	0.99
1.00	1.175201	1.543081	0.76159	1.3130	0.6480	0.8509	**1.00**
1.01	1.190691	1.554910	0.76576	1.3059	0.6431	0.8395	1.01
1.02	1.206300	1.566895	0.76987	1.2989	0.6382	0.8290	1.02
1.03	1.222029	1.579036	0.77391	1.2921	0.6333	0.8183	1.03
1.04	1.237881	1.591336	0.77789	1.2855	0.6284	0.8078	1.04
1.05	1.253857	1.603794	0.78181	1.2791	0.6235	0.7975	1.05
1.06	1.269958	1.616413	0.78566	1.2728	0.6186	0.7874	1.06
1.07	1.286185	1.629194	0.78946	1.2666	0.6138	0.7777	1.07
1.08	1.302542	1.642138	0.79320	1.2607	0.6090	0.7677	1.08
1.09	1.319029	1.655245	0.79688	1.2549	0.6042	0.7581	1.09
1.10	1.335647	1.668519	0.80050	1.2492	0.5993	0.7487	**1.10**
1.11	1.352400	1.681950	0.80406	1.2437	0.5945	0.7393	1.11
1.12	1.369287	1.695567	0.80757	1.2382	0.5898	0.7302	1.12
1.13	1.386312	1.709345	0.81102	1.2330	0.5850	0.7215	1.13

Φ	Sinh. Φ	Cosh. Φ	Tanh. Φ	Coth. Φ	Sech. Φ	Cosech. Φ	Φ
1.14	1.403475	1.723294	0.81441	1.2279	0.5808	0.7125	1.14
1.15	1.420778	1.737415	0.81775	1.2229	0.5755	0.7038	1.15
1.16	1.438224	1.751710	0.82104	1.2180	0.5708	0.6953	1.16
1.17	1.455813	1.766180	0.82427	1.2132	0.5662	0.6869	1.17
1.18	1.473548	1.780826	0.82745	1.2085	0.5616	0.6786	1.18
1.19	1.491430	1.795651	0.83058	1.2040	0.5569	0.6705	1.19
1.20	1.509461	1.810656	0.83365	1.1995	0.5523	0.6625	**1.20**
1.21	1.527644	1.825841	0.83668	1.1952	0.5477	0.6546	1.21
1.22	1.545970	1.841209	0.83965	1.1910	0.5431	0.6468	1.22
1.23	1.564468	1.856761	0.84258	1.1868	0.5385	0.6392	1.23
1.24	1.583115	1.872499	0.84546	1.1828	0.5340	0.6317	1.24
1.25	1.601919	1.888424	9.84828	1.1789	0.5296	0.6242	1.25
1.26	1.620884	1.904538	0.85106	1.1750	0.5251	0.6170	1.26
1.27	1.640010	1.920842	0.85380	1.1712	0.5206	0.6098	1.27
1.28	1.659301	1.937339	0.85648	1.1675	0.5162	0.6026	1.28
1.29	1.678758	1.954029	0.85913	1.1640	0.5118	0.5957	1.29
1.30	1.698382	1.970914	0.86172	1.1604	0.5074	0.5888	**1.30**
1.31	1.718177	1.987997	0.86428	1.1570	0.5030	0.5820	1.31
1.32	1.738143	2.005278	0.86678	1.1537	0.4987	0.5753	1.32
1.33	1.758283	2.022760	0.86925	1.1504	0.4944	0.5687	1.33
1.34	1.778599	2.040445	0.87167	1.1472	0.4901	0.5623	1.34
1.35	1.799093	2.058333	0.87405	1.1441	0.4858	0.5559	1.35
1.36	1.819766	2.076427	0.87639	1.1410	0.4816	0.5495	1.36
1.37	1.840622	2.094729	0.87869	1.1380	0.4773	0.5433	1.37
1.38	4.861662	2.113240	0.88095	1.1351	0.4732	0.5372	1.38
1.39	1.882887	2.131963	0.88317	1.1323	0.4690	0.5311	1.39
1.40	1.904302	2.150898	0.88535	1.1295	0.4649	0.5252	**1.40**
1.41	1.925906	2.170049	0.88749	1.1268	0.4608	0.5192	1.41
1.42	1.947703	2.189417	0.88960	1.1241	0.4568	0.5134	1.42
1.43	1.969695	2.209004	0.89167	1.1215	0.4527	0.5077	1.43
1.44	1.991884	3.228812	0.89370	1.1189	0.4486	0.5020	1.44
1.45	2.014272	2.248842	0.89569	1.1165	0.4446	0.4964	1.45
1.46	2.036862	2.269098	0.89765	1.1140	0.4407	0.4909	1.46
1.47	2.059655	2.289580	0.89958	1.1116	0.4367	0.4855	1.47
1.48	2.082654	2.310292	0.90147	1.1093	0.4329	0.4802	1.48
1.49	2.105861	2.331234	0.90332	1.1070	0.4290	0.4749	1.49
1.50	2.129279	2.352410	0.90515	1.1048	0.4251	0.4697	**1.50**
1.51	2.152910	1.373820	0.90694	1.1026	0.4212	0.4645	1.51
1.52	2.176757	2.395469	0.90870	1.1005	0.4174	0.4594	1.52
1.53	2.200821	2.417356	0.91042	1.0984	0.4137	0.4543	1.53

φ	Sinh. φ	Cosh. φ	Tanh. φ	Coth. φ	Sech. φ	Cosech.φ	φ
1.54	2.225105	2.439486	0.91212	1.0963	0.4099	0.4494	1.54
1.55	2.249611	2.461859	0.91379	1.0943	0.4062	0.4444	1.55
1.56	2.274343	2.484479	0.91542	1.0924	0.4025	0.4396	1.56
1.57	2.299302	2.507347	0.91703	1.0905	0.3988	0.4350	1.57
1.58	2.324490	2.530465	0.91860	1.0886	0.3952	0.4302	1.58
1.59	2.349912	2.553837	0.92015	1.0868	0.3916	0.4255	1.59
1.60	2.375568	2.577464	0.92167	1.0850	0.3879	0.4209	**1.60**
1.61	2.401462	2.601349	0.92316	1.0832	0.3844	0.4164	1.61
1.62	2.427596	2.625495	0.92462	1.0815	0.3809	0.4119	1.62
1.63	2.453973	2.649902	0.92606	1.0798	0.3774	0.4075	1.63
1.64	2.480595	2.674575	0.92747	1.0782	0.3739	0.4031	1.64
1.65	2.507465	2.699515	0.92886	1.0765	0.3704	0.3988	1.65
1.66	2.534586	2.724725	0.93022	1.0750	0.3670	0.3945	1.66
1.67	2.561960	2.750207	0.93155	1.0735	0.3636	0.3903	1.67
1.68	2.589591	2.775965	0.93286	1.0719	0.3602	0.3862	1.68
1.69	2.617481	2.802000	0.93415	1.0704	0.3569	0.3820	1.69
1.70	2.645632	2.828315	0.93541	1.0690	0.3536	0.3780	**1.70**
1.71	2.674048	2.854914	0.93665	1.0676	0.3503	0.3740	1.71
1.72	2.702731	2.881797	0.93786	1.0662	0.3470	0.3700	1.72
1.73	2.731685	2.908969	0.93906	1.0649	0.3438	0.3661	1.73
1.74	2.760912	2.936432	0.94023	1.0636	0.3405	0.3622	1.74
1.75	2.790414	2.964188	0.94138	1.0623	0.3373	0.3584	1.75
1.76	2.820196	2.992241	0.94250	1.0610	0.3342	0.3546	1.76
1.77	2.850260	3.020593	0.94361	1.0597	0.3310	0.3508	1.77
1.78	2.880609	3.049247	0.94470	1.0585	0.3279	0.3471	1.78
1.79	2.911246	3.078206	0.94576	1.0573	0.3248	0.3435	1.79
1.80	2.942174	3.107473	0.94681	1.0561	0.3218	0.3399	**1.80**
1.81	2.973397	3.137051	0.94783	1.0550	0.3187	0.3363	1.81
1.82	3.004916	3.166942	0.94884	1.0539	0.3158	0.3328	1.82
1.83	3.036737	3.197150	0.94983	1.0528	0.3128	0.3293	1.83
1.84	3.068860	3.227678	0.95080	1.0517	0.3098	0.3258	1.84
1.85	3.101291	3.258528	0.95175	1.0507	0.3069	0.3224	1.85
1.86	3.134032	3.289705	0.95268	1.0497	0.3040	0.3191	1.86
1.87	3.167086	3.321210	0.95359	1.0487	0.3011	0.3157	1.87
1.88	3.200457	3.353047	0.95449	1.0477	0.2982	0.3125	1.88
1.89	3.234148	3.385220	0.95537	1.0467	0.2954	0.3092	1.89
1.90	3.268163	3.417732	0.95624	1.0457	0.2926	0.3059	**1.90**
1.91	3.302504	3.450585	0.95709	1.0448	0.2897	0.3028	1.91
1.92	3.337176	3.483783	0.95792	1.0439	0.2870	0.2997	1.92
1.93	3.372181	3.517329	0.95873	1.0430	0.2843	0.2965	1.93

φ	Sinh. φ	Cosh. φ	Tanh. φ	Coth. φ	Sech. φ	Cosech. φ	φ
1.94	3.407524	3.551227	0.95953	1.0422	0.2816	0.2935	1.94
1.95	3.443207	3.585481	0.96032	1.0413	0.2789	0.2904	1.95
1.96	3.479234	3.620093	0.96109	1.0405	0.2762	0.2874	1.96
1.97	3.515610	3.655067	0.96185	1.0397	0.2736	0.2844	1.97
1.98	3.552337	3.690406	0.96259	1.0389	0.2710	0.2815	1.98
1.99	3.589419	3.726115	0.96331	1.0380	0.2684	0.2786	1.99
2.00	3.626860	3.762196	0.96403	1.0373	0.2658	0.2757	**2.00**
2.01	3.66466	3.79865	0.96473	1.0365	0.2632	0.2729	2.01
2.02	3.70283	3.83549	0.96541	1.0358	0.2607	0.2701	2.02
2.03	3.74138	3.87271	0.96608	1.0351	0.2582	0.2673	2.03
2.04	3.78029	3.91032	0.96675	1.0344	0.2557	0.2645	2.04
2.05	3.81958	3.94832	0.96740	1.0337	0.2533	0.2618	2.05
2.06	3.85926	3.98671	0.96803	1.0330	0.2508	0.2596	2.06
2.07	3.89932	4.02550	0.96865	1.0323	0.2484	0.2565	2.07
2.08	3.93977	4.06470	0.96926	1.0317	0.2460	0.2538	2.08
2.09	3.98061	4.10430	0.96986	1.0310	0.2436	0.2512	2.09
2.10	4.02186	4.14431	0.97045	1.0304	0.2413	0.2486	**2.10**
2.11	4.06350	4.18474	0.97101	1.0298	0.2389	0.2461	2.11
2.12	4.10555	4.22558	0.97159	1.0293	0.2366	0.2436	2.12
2.13	4.14801	4.26685	0.97215	1.0286	0.2344	0.2411	2.13
2.14	4.19089	4.30855	0.97274	1.0280	0.2321	0.2386	2.14
2.15	4.23419	4.35067	0.97323	1.0275	0.2298	0.2362	2.15
2.16	4.27791	4.39323	0.97375	1.0269	0.2276	0.2338	2.16
2.17	4.32205	4.43623	0.97426	1.0264	0.2254	0.2314	2.17
2.18	4.36663	4.47967	0.97477	1.0259	0.2232	0.2290	2.18
2.19	4.41165	4.52356	0.97524	1.0254	0.2211	0.2267	2.19
2.20	4.45711	4.56791	0.97574	1.0249	0.2189	0.2244	**2.20**
2.21	4.50301	4.61271	0.97622	1.0243	0.2168	0.2221	2.21
2.22	4.54936	4.65797	0.97668	1.0239	0.2147	0.2198	2.22
2.23	4.59617	4.70370	0.97714	1.0234	0.2126	0.2176	2.23
2.24	4.64344	4.74989	0.97758	1.0229	0.2105	0.2154	2.24
2.25	4.69117	4.79657	0.97803	1.0224	0.2085	0.2132	2.25
2.26	4.73937	4.84372	0.97847	1.0220	0.2064	0.2110	2.26
2.27	4.78804	4.89136	0.97888	1.0216	0.2044	0.2089	2.27
2.28	4.83720	4.93948	0.97929	1.0211	0.2024	0.2067	2.28
2.29	4.88683	4.98810	0.97970	1.0207	0.2005	0.2047	2.29
2.30	4.93696	5.03722	0.98010	1.0203	0.1985	0.2026	**2.30**
2.31	4.98758	5.08684	0.98049	1.0199	0.1966	0.2005	2.31
2.32	5.03870	5.13697	0.98087	1.0195	0.1947	0.1985	2.32
2.33	5.09032	5.18762	0.98124	1.0191	0.1928	0.1965	2.33

φ	Sinh. φ	Cosh. φ	Tanh. φ	Coth. φ	Sech. φ	Cosech. φ	φ
2.34	5.14245	5.23870	0.98161	1.0187	0.1909	0.1945	2.34
2.35	5.19510	5.29047	0.98198	1.0183	0.1890	0.1925	2.35
2.36	5.24827	5.34269	0.98233	1.0180	0.1872	0.1905	2.36
2.37	5.30196	5.39544	0.98268	1.0177	0.1854	0.1886	2.37
2.38	5.35618	5.44873	0.98302	1.0173	0.1835	0.1867	2.38
2.39	5.41093	5.50256	0.98335	1.0169	0.1817	0.1848	2.39
2.40	5.46623	5.55695	0.98368	1.0166	0.1800	0.1829	2.40
2.41	5.52207	5.61189	0.98399	1.0163	0.1782	0.1811	2.41
2.42	5.57847	5.66739	0.98431	1.0159	0.1765	0.1793	2.42
2.43	5.63542	5.72346	0.98462	1.0156	0.1747	0.1775	2.43
2.44	5.69294	5.78010	0.98492	1.0153	0.1730	0.1757	2.44
2.45	5.75103	5.83732	0.98522	1.0150	0.1713	0.1739	2.45
2.46	5.80969	5.89512	0.98551	1.0147	0.1696	0.1721	2.46
2.47	5.86893	5.95352	0.98579	1.0144	0.1680	0.1704	2.47
2.48	5.92876	6.01250	0.98607	1.0141	0.1663	0.1687	2.48
2.49	5.98918	6.07209	0.98635	1.0138	0.1647	0.1670	2.49
2.50	6.05020	6.13229	0.98661	1.0135	0.1631	0.1653	2.50
2.6	6.69473	6.76901	0.98903	1.0110	0.1477	0.1494	2.6
2.7	7.40626	7.47347	0.99101	1.0091	0.1338	0.1350	2.7
2.8	8.19192	8.25273	0.99263	1.0074	0.1212	0.1221	2.8
2.9	9.05956	9.11458	0.99396	1.0060	0.1097	0.1104	2.9
3.0	10.01787	10.06766	0.99505	1.0050	0.0937	0.00982	3.0
3.1	11.07645	11.12150	0.99595	1.0041	0.0899	0.0903	3.1
3.2	12.24588	12.28665	0.99668	1.0033	0.0814	0.0816	3.2
3.3	13.53788	13.57476	0.99728	1.0027	0.0736	0.0739	3.3
3.4	14.96536	14.99874	0.99778	1.0022	0.0667	0.0668	3.4
3.5	16.54263	16.57282	0.99818	1.0018	0.0604	0.0604	3.5
3.6	18.28546	18.31278	0.99851	1.0015	0.0546	0.0547	3.6
3.7	20.21129	20.23601	0.99878	1.0012	0.0494	0.0495	3.7
3.8	22.33941	22.36178	0.99900	1.0010	0.0447	0.0448	3.8
3.9	24.69110	24.71135	0.99918	1.0008	0.0405	0.0405	3.9
4.0	27.28992	27.30823	0.99933	1.0007	0.0366	0.0366	4.0
4.1	30.16186	30.17843	0.99945	1.0006	0.0331	0.0332	4.1
4.2	33.33567	33.35066	0.99955	1.0005	0.0300	0.0300	4.2
4.3	36.84311	36.85668	0.99963	1.0004	0.0271	0.0271	4.3
4.4	40.71930	40.73157	0.99970	1.0003	0.0245	0.0245	4.4
4.5	45.00301	45.01412	0.99975	1.0003	0.0222	0.0222	4.5
4.6	49.73713	49.74718	0.99980	1.0002	0.0201	0.0201	4.6
4.7	54.96904	54.97813	0.99983	1.0002	0.0182	0.0182	4.7

φ	Sinh. φ	Cosh. φ	Tanh. φ	Coth. φ	Sech. φ	Cosech. φ	φ
4.8	60.75109	60.75832	0.99986	1.0001	0.0165	0.0165	4.8
4.9	67.14117	67.14861	0.99980	1.0001	0.0149	0.0149	4.9
5.0	74.20321	74.20995	0.99991	1.0001	0.0135	0.0135	5.0
5.1	82.0079	82.0140	0.99993	1.00007	0.01219	0.01219	5.1
5.2	90.6334	90.6389	0.99993	1.00007	0.01103	0.01103	5.2
5.3	100.1659	100.1709	0.99994	1.00006	0.00998	0.00998	5.3
5.4	110.7000	110.7055	0.99995	1.00005	0.00903	0.00903	5.4
5.5	122.3439	122.3480	0.99996	1.00004	0.00818	0.00818	5.5
5.6	135.2114	135.2150	0.99997	1.00003	0.00740	0.00740	5.6
5.7	149.4320	149.4354	0.99998	1.00002	0.00669	0.00669	5.7
5.8	165.1488	165.1518	0.99998	1.00002	0.00606	0.00606	5.8
5.9	182.5174	182.5201	0.99998	1.00002	0.00548	0.00548	5.9
6.0	201.7132	201.7156	0.99999	1.00001	0.00496	0.00496	6.0
6.1	222.9278	222.9300	1.	1.	0.00449	0.00449	6.1
6.2	246.3735	246.3755	1.	1.	0.00406	0.00406	6.2
6.3	272.2850	272.2869	1.	1.	0.00367	0.00367	6.3
6.4	300.9217	300.9233	1.	1.	0.00332	0.00332	6.4
6.5	332.5701	332.5716	1.	1.	0.00301	0.00301	6.5
6.6	367.5469	367.5483	1.	1.	0.00272	0.00272	6.6
6.7	406.2023	406.2035	1.	1.	0.00246	0.00246	6.7
6.8	448.9231	448.9242	1.	1.	0.00223	0.00223	6.8
6.9	496.1369	496.1379	1.	1.	0.00202	0.00202	6.9
7.0	548.3161	548.3170	1.	1.	0.00182	0.00182	7.0
7.1	605.9831	605.9839	1.	1.	0.00165	0.00165	7.1
7.2	669.7150	669.7158	1.	1.	0.00149	0.00149	7.2
7.3	740.1496	740.1503	1.	1.	0.00135	0.00135	7.3
7.4	817.9919	817.9925	1.	1.	0.00122	0.00122	7.4
7.5	904.0209	904.0215	1.	1.	0.00111	0.00111	7.5

TABLE OF SINES, COSINES, TANGENTS, COSECANTS, SECANTS AND COTANGENTS OF SEMI-IMAGINARY HYPERBOLIC ANGLES.

A semi-imaginary hyperbolic angle is a complex angle, whose real and imaginary components are equal; or whose vector argument is 45°; so that the angle is of the type x $\underline{/45°}$. The varying modulus x is taken by steps of 0.1 from 0 to 6, and by 0.05 from 6 to 20.1.

As an example of the use of the Table, sinh 3.1 $\underline{/45°}$=4.4948 $\underline{/124.°56'}$.

x	Sinh x		Cosh x		Tanh x		Cosech x		Sech x		Coth x	
		°, ′		°, ′		°, ′		°, ′		°, ′		°, ′
0	0.	45.00	1.	0.	0.	45.00	∞	45.00	1.	0.	∞	45.00
0.1	0.0999	45.06	1.00001	0.17	0.09999	44.43	10.0000	45.06	0.99999	0.17	10.0000	44.43
0.2	0.1998	45.28	1.00019	1.09	0.19797	44.14	5.0008	45.28	0.99951	1.09	5.0066	44.14
0.3	0.3009	45.52	1.0007	2.85	0.29951	43.17	3.3555	45.52	0.99983	2.85	3.3855	43.17
0.4	0.3909	46.22	1.0081	4.85	0.3907	41.57	2.5500	46.22	0.9979	4.85	2.5500	41.57
0.5	0.5035	47.38	1.0028	7.08	0.4774	40.15	1.9994	47.38	0.9948	7.08	2.0006	40.15
0.6	0.60042	48.37	1.0107	10.16	0.5943	38.11	1.6651	48.37	0.9954	10.16	1.6680	38.11
0.7	0.70094	49.40	1.0198	18.53	0.6573	35.47	1.4599	49.40	0.9905	13.53	1.4540	35.47
0.8	0.80185	51.06	1.0365	18.00	0.7745	33.05	1.2477	51.06	0.9675	18.00	1.2890	33.05
0.9	0.9065	58.44	1.0388	22.34	0.8570	30.10	1.1070	58.44	0.9464	23.34	1.1660	30.10
1.0	1.0065	54.38	1.0906	27.99	0.9806	27.08	0.9645	54.38	0.9256	27.99	1.0746	27.08
1.1	1.209	56.31	1.1187	33.41	0.9099	28.50	0.9018	56.31	0.9008	33.41	1.0061	28.50
1.2	1.3195	58.41	1.4095	38.85	1.0455	20.38	0.8888	58.41	0.9314	38.05	0.9604	20.38
1.3	1.3805	61.08	1.5108	43.85	1.0667	17.27	0.7978	61.08	0.9838	43.85	0.9811	17.27
1.4	1.6997	63.34	1.9888	49.05	1.1141	14.89	0.9996	63.34	0.9796	49.05	0.9906	14.89
1.5	1.5418	66.15	1.3016	54.13	1.1288	11.48	0.6455	66.15	0.7844	54.13	0.9831	11.48
1.6	1.6675	69.07	1.4094	59.55	1.1419	9.12	0.6088	69.07	0.6986	59.55	0.9708	9.12
1.7	1.7777	72.06	1.5506	66.10	1.1495	6.58	0.6585	72.06	0.6429	66.10	0.8751	6.58
1.8	1.9085	75.18	1.6718	70.14	1.1960	5.04	0.5296	75.18	0.5961	70.14	0.9028	5.04
1.9	2.0469	78.36	1.7999	75.10	1.1308	3.36	0.4916	78.36	0.5556	75.10	0.8846	3.36
2.0	2.1785	82.02	1.9413	79.56	1.1191	2.06	0.4606	82.02	0.5151	79.56	0.9096	2.06
2.1	2.3190	85.34	2.0095	84.58	1.1095	1.01	0.4312	85.34	0.4772	84.58	0.9098	1.01
2.2	2.4745	86.12	2.3006	89.08	1.0988	0.00	0.4041	86.12	0.4418	89.08	0.9147	0.00
2.3	2.6403	98.57	2.4448	98.96	1.0799	0.59	0.3796	98.57	0.4090	98.96	0.9990	0.59
2.4	2.8176	96.46	2.5409	97.44	1.0672	0.85	0.3549	96.46	0.8765	97.44	0.9670	0.85
2.5	3.0077	100.28	2.9501	101.56	1.0658	1.17	0.3385	100.28	0.8509	101.56	0.9475	1.17
2.6	3.3115	104.26	3.0751	105.05	1.0445	1.59	0.3314	104.26	0.8259	105.05	0.9674	1.59
2.7	3.4316	108.38	3.8108	110.10	1.0849	1.34	0.3914	108.38	0.8916	110.10	0.9963	1.34
2.8	3.6259	112.39	3.5793	114.13	1.0964	1.34	0.3793	112.39	0.8793	114.13	0.9743	1.34
2.9	3.9631	116.43	3.9468	118.16	1.0198	1.33	0.8549	116.43	0.8598	118.16	0.9613	1.33
3.0	4.1690	120.45	4.1467	122.16	1.0131	1.33	0.8888	120.45	0.9413	122.16	0.9871	1.33

3.1
3.2
3.3	4.4946
4.8154
5.1896	194.56
199.08
183.00	4.4946
4.7966
5.1641	196.16
180.15
184.13	1.0080
1.0041
1.0008	1.19
1.13
1.04	0.9985
0.2077
0.1980	194.56
199.08
188.00	0.2948
0.2085
0.1940	196.15
180.15
184.13	0.9960
0.9969
0.9998	1.19
1.13
1.04
3.4
3.5
3.6	5.5306
5.9605
6.3608	187.17
141.94
145.81	5.5398
5.9856
6.3900	138.18
142.12
146.11	0.9994
0.9967
0.9954	0.56
0.44
0.40	0.1804
0.1646
0.1572	187.17
141.94
145.31	0.1805
0.1681
0.1565	138.18
142.12
146.11	1.0010
1.0033
1.0047	0.56
0.45
0.40
3.7
3.8
3.9	6.8944
7.3295
7.8560	149.88
153.44
157.50	6.8936
7.8846
7.9047	150.10
154.09
158.10	0.9947
0.9943
0.9948	0.32
0.25
0.20	0.1465
0.1386
0.1272	149.88
153.44
157.50	0.1459
0.1384
0.1265	150.10
154.09
158.10	1.0058
1.0037
1.0020	0.33
0.25
0.20
4.0	8.4861	161.57	8.4861	162.11	0.9943	0.14	0.1146	161.57	0.1179	162.11	1.0057	0.14
4.1
4.2
4.3	9.0035
9.7198
10.434	166.02
170.07
174.11	9.1094
9.7704
10.481	166.12
170.13
174.15	0.9946
0.9948
0.9956	0.10
0.08
0.04	0.1105
0.1029
0.00684	166.02
170.07
174.11	0.1000
0.1024
0.00641	166.12
170.18
174.15	1.0064
1.0052
1.0045	0.10
0.06
0.04
4.4
4.5	11.201
12.096	178.16
189.19	11.948
12.067	178.16
189.19	0.9900
0.9906	0.0
0.0	0.08927
0.08116	178.16
182.19	0.08992
0.08268	178.16
182.19	1.0040
1.084	0.0
0.
4.6	12.900	186.28	12.948	186.21	0.9970	+.08	0.07746	186.23	0.07728	186.21	1.0080	.08
4.7
4.8
4.9	13.856
14.875
15.968	190.27
194.80
198.33	13.894
14.900
15.999	190.23
194.25
198.29	0.9974
0.9973
0.9960	0.04
0.04
0.04	0.07216
0.06722
0.06263	190.27
194.30
198.38	0.07197
0.07707
0.00250	190.23
194.26
198.29	1.0015
1.0022
1.0020	0.04
0.04
0.04
5.0	17.140	202.96	17.109	202.82	0.9963	0.04	0.06684	202.90	0.06824	202.82	1.0017	0.04
5.1
5.2
5.3	18.397
19.747
21.195	206.89
210.42
214.45	18.495
19.772
21.219	206.85
210.38
214.41	0.9966
0.9967
0.9949	0.04
0.04
0.04	0.05436
0.05064
0.04718	206.89
210.42
214.45	0.05425
0.05068
0.04713	206.85
210.38
214.41	1.0015
1.0018
1.0011	0.04
0.04
0.04
5.4
5.5
5.6	22.700
24.418
26.219	218.46
222.50
226.53	22.772
24.480
26.288	218.44
222.47
226.51	0.9990
0.9992
0.9983	0.04
0.08
0.02	0.04896
0.04595
0.04314	218.46
222.50
226.53	0.04801
0.04662
0.03811	218.44
222.47
226.51	1.0010
1.0008
1.0007	0.04
0.03
0.02
5.7
5.8
5.9	28.141
30.192
32.405	230.56
234.59
239.08	28.160
30.209
32.421	230.64
234.57
239.00	0.9994
0.9985
0.9980	0.02
0.02
0.02	0.03554
0.03312
0.03006	230.56
234.59
239.02	0.03551
0.03310
0.03065	230.54
234.57
239.00	1.0006
1.0005
1.0004	0.02
0.02
0.02
6.0	34.784	243.05	34.798	243.04	0.9996	0.01	0.02875	243.05	0.02874	243.04	1.0001	0.01

x	Sinh x and cosh x		Tanh x and coth x		Sech x and cosech x	
		+				−
6.05	36.047	245.06	1.000	0	2.774×10^{-3}	245.06
6.10	37.840	247.08	1.000	0	2.676 "	247.08
6.15	38.698	249.09	1.000	0	2.586 "	249.09
6.20	40.064	251.11	1.000	0.	2.495 "	251.11
6.25	41.584	253.12	1.000	0.	2.408 "	253.12
6.30	43.060	255.14	1.000	0.	2.325 "	255.14
6.35	44.568	257.15	1.000	0.	2.244 "	257.15
6.40	46.171	259.17	1.000	0.	2.166 "	259.17
6.45	47.889	261.18	1.000	0.	2.091 "	261.18
6.50	49.553	263.20	1.000	0.	2.018 "	263.20
6.55	51.396	265.22	1.000	0.	1.948 "	265.22
6.60	53.188	267.24	1.000	0.	1.880 "	267.24
6.65	55.110	269.25	1.000	0.	1.815 "	269.25
6.70	57.056	271.27	1.000	0.	1.752 "	271.27
6.75	59.126	273.28	1.000	0.	1.691 "	273.28
6.80	61.259	275.30	1.000	0.	1.632 "	275.30
6.85	63.463	277.31	1.000	0.	1.576 "	277.31
6.90	65.746	279.33	1.000	0.	1.521 "	279.33
6.95	68.119	281.34	1.000	0.	1.468 "	281.34
7.00	70.570	283.36	1.000	0.	1.417 "	283.36
7.05	73.109	285.37	1.000	0.	1.368 "	285.37
7.10	75.789	287.39	1.000	0.	1.312 "	287.39
7.15	78.473	289.40	1.000	0.	1.274 "	289.40
7.20	81.296	291.42	1.000	0.	1.230 "	291.42
7.25	84.215	293.43	1.000	0.	1.187 "	293.43
7.30	87.230	295.45	1.000	0.	1.146 "	295.45
7.35	90.356	297.46	1.000	0.	1.106 "	297.46
7.40	93.088	299.48	1.000	0.	1.074 "	299.48
7.45	97.009	301.49	1.000	0.	1.031 "	301.49
7.50	100.50	303.51	1.000	0.	9.950×10^{-3}	303.51
7.55	104.12	305.52	1.000	0.	9.605 "	305.52
7.60	107.86	307.54	1.000	0.	9.271 "	307.54
7.65	111.74	309.56	1.000	0.	8.949 "	309.56
7.70	115.67	311.57	1.000	0.	8.638 "	311.57
7.75	119.94	313.59	1.000	0.	8.337 "	313.59
7.80	124.26	315.00	1.000	0.	8.048 "	315.00
7.85	128.71	318.02	1.000	0.	7.769 "	318.02
7.90	133.35	320.03	1.000	0.	7.499 "	320.03
7.95	138.16	322.05	1.000	0.	7.238 "	322.05
8.00	143.12	324.06	1.000	0	6.987 "	324.06
8.05	148.28	326.07	1.000	0	6.744 "	326.07
8.10	153.61	328.09	1.000	0.	6.510 "	326.09
8.15	159.14	330.11	1.000	0.	6.284 "	330.11
8.20	164.87	332.12	1.000	0.	6.066 "	332.12
8.25	170.80	334.14	1.000	0.	5.855 "	334.14
8.30	176.95	336.15	1.000	0.	5.651 "	336.15
8.35	183.31	338.17	1.000	0.	5.455 "	338.17
8.40	189.91	340.18	1.000	0.	5.266 "	340.18
8.45	196.75	342.20	1.000	0.	5.083 "	342.20
8.50	203.83	344.22	1.000	0.	4.905 "	344.22
8.55	211.16	346.24	1.000	0.	4.735 "	346.24
8.60	218.76	348.25	1.000	0.	4.571 "	348.25
8.65	226.63	350.27	1.000	0.	4.413 "	350.27
8.70	234.79	352.28	1.000	0.	4.259 "	352.28
8.75	243.23	354.30	1.000	0.	4.111 "	354.30
8.80	251.90	356.31	1.000	0.	3.968 "	356.31
8.85	261.05	359.33	1.000	0.	3.830 "	359.33

x	Sinh x and cosh x	+	Tanh x and coth x		Sech x and cosech x		−
8.90	270.46	360.84	1.000	0.	3.696×10^{-3}		360.84
8.95	280.19	362.36	1.000	0.	3.569	"	362.36
9.00	290.28	364.38	1.000	0.00	3.445	"	364.38
9.05	300.73	366.39	1.000	0.00	3.3253	"	366.39
9.10	311.54	368.41	1.000	0.00	3.2099	"	368.41
9.15	322.75	370.42	1.000	0.00	3.0983	"	370.42
9.20	334.37	372.44	1.000	0.00	2.9908	"	372.44
9.25	346.39	374.46	1.000	0.00	2.8869	"	374.46
9.30	358.85	376.47	1.000	0.00	2.7867	"	376.47
9.35	371.81	378.48	1.000	0.00	2.6895	"	378.48
9.40	385.15	380.50	1.000	0.00	2.5964	"	380.50
9.45	399.04	382.51	1.000	0.00	2.5060	"	382.51
9.50	413.38	384.53	1.000	0.00	2.4191	"	384.53
9.55	428.26	386.55	1.000	0.00	2.3350	"	386.55
9.60	443.67	388.56	1.000	0.00	2.2540	"	388.56
9.65	446.98	390.57	1.000	0.00	2.2263	"	390.57
9.70	476.18	392.59	1.000	0.00	2.1001	"	392.59
9.75	493.31	395.01	1.000	0.00	2.0271	"	395.01
9.80	511.07	397.02	1.000	0.00	1.9567	"	397.02
9.85	529.46	399.03	1.000	0.00	1.8887	"	399.03
9.90	548.52	401.05	1.000	0.00	1.8231	"	401.05
9.95	568.25	403.07	1.000	0.00	1.7598	"	403.07
10.00	588.69	405.08	1.000	0.00	1.6987	"	405.08
10.05	609.89	407.09	1.000	0.00	1.6397	"	407.09
10.10	631.84	409.11	1.000	0.00	1.5827	"	409.11
10.15	654.58	411.13	1.000	0.00	1.5277	"	411.13
10.20	678.14	413.14	1.000	0.00	1.4746	"	413.14
10.25	702.53	415.15	1.000	0.00	1.4234	"	415.15
10.30	727.81	417.17	1.000	0.00	1.3740	"	417.17
10.35	754.01	419.19	1.000	0.00	1.3262	"	419.19
10.40	781.14	421.21	1.000	0.00	1.2802	"	421.21
10.45	809.26	423.23	1.000	0.00	1.2357	"	423.23
10.50	838.38	425.24	1.000	0.00	1.1928	"	425.24
10.55	868.56	427.26	1.000	0.00	1.1513	"	427.26
10.60	899.81	429.27	1.000	0.00	1.1113	"	429.27
10.65	932.18	431.29	1.000	0.00	1.0728	"	431.29
10.70	965.74	433.30	1.000	0.00	1.0355	"	433.30
10.75	1,000.5	435.32	1.000	0.00	9.9952×10^{-4}		435.32
10.80	1,036.5	437.33	1.000	0.00	9.6478	"	437.33
10.85	1,073.8	439.35	1.000	0.00	9.3126	"	439.35
10.90	1,112.4	441.36	1.000	0.00	8.9892	"	441.36
10.95	1,152.5	443.38	1.000	0.00	8.6770	"	443.38
11.00	1,194.0	445.39	1.000	0.00	8.3750	"	445.39
11.05	1,237.0	447.41	1.000	0.00	8.0845	"	447.41
11.10	1,281.5	449.42	1.000	0.00	7.8037	"	449.42
11.15	1,327.5	451.44	1.000	0.00	7.5327	"	451.44
11.20	1,375.3	453.46	1.000	0.00	7.2711	"	453.46
11.25	1,424.8	455.47	1.000	0.00	7.0184	"	455.47
11.30	1,476.1	457.48	1.000	0.00	6.7747	"	457.48
11.35	1,529.2	459.50	1.000	0.00	6.5396	"	459.50
11.40	1,584.3	461.52	1.000	0.00	6.3120	"	461.52
11.45	1,641.4	463.53	1.000	0.00	6.0929	"	463.53
11.50	1,700.3	465.54	1.000	0.00	5.8811	"	465.54
11.55	1,761.5	467.56	1.000	0.00	5.6769	"	467.56
11.60	1,824.9	469.57	1.000	0.00	5.4797	"	469.57
11.65	1,890.6	471.59	1.000	0.00	5.2898	"	471.59

x	Sinh x and cosh x		Tanh x and coth x		Sech x and cosech x	
		+				−
11.70	1,958.6	474.01	1.000	0.00	5.1054×10⁻⁴	474.01
11.75	2,039.1	476.03	1.000	0.00	4.9852 "	476.03
11.80	2,102.1	478.04	1.000	0.00	4.7571 "	478.04
11.85	2,177.8	480.05	1.000	0.00	4.5910 "	480.05
11.90	2,256.1	482.07	1.000	0.00	4.4322 "	482.07
11.95	2,337.3	484.09	1.000	0.00	4.2784 "	484.09
12.00	2,421.5	486.10	1.000	0.00	4.1297 "	486.10
12.05	2,508.6	488.12	1.000	0.00	3.9862 "	488.12
12.10	2,598.9	490.14	1.000	0.00	3.8478 "	490.14
12.15	2,692.6	492.15	1.000	0.00	3.7141 "	492.15
12.20	2,789.0	494.17	1.000	0.00	3.5855 "	494.17
12.25	2,889.7	496.18	1.000	0.00	3.4605 "	496.18
12.30	2,993.7	498.20	1.000	0.00	3.3405 "	498.20
12.35	3,101.4	500.21	1.000	0.00	3.2243 "	500.21
12.40	3,213.1	502.23	1.000	0.00	3.0148 "	502.23
12.45	3,328.3	504.24	1.000	0.00	3.0043 "	504.24
12.50	3,448.5	506.26	1.000	0.00	2.8996 "	506.26
12.55	3,572.6	508.27	1.000	0.00	2.7991 "	508.27
12.60	3,701.1	510.29	1.000	0.00	2.7019 "	510.29
12.65	3,834.3	512.31	1.000	0.00	2.6080 "	512.31
12.70	3,972.6	514.32	1.000	0.00	2.5172 "	514.32
12.75	4,115.3	516.33	1.000	0.00	2.4300 "	516.33
12.80	4,263.4	518.35	1.000	0.00	2.3455 "	518.35
12.85	4,416.8	520.37	1.000	0.00	2.2641 "	520.37
12.90	4,575.7	522.38	1.000	0.00	2.1854 "	522.38
12.95	4,740.5	524.39	1.000	0.00	2.1095 "	524.39
13.00	4,911.0	526.41	1.000	0.00	2.0362 "	526.41
13.05	5,087.8	528.43	1.000	0.00	1.9655 "	528.43
13.10	5,270.9	530.44	1.000	0.00	1.8972 "	530.44
13.15	5,460.6	532.45	1.000	0.00	1.8313 "	532.45
13.20	5,657.0	534.47	1.000	0.00	1.7677 "	534.47
13.25	5,858.5	536.49	1.000	0.00	1.7061 "	536.49
13.30	6,071.6	538.50	1.000	0.00	1.6470 "	538.50
13.35	6,290.1	540.51	1.000	0.00	1.5898 "	540.51
13.40	6,516.5	542.53	1.000	0.00	1.5346 "	542.53
13.45	6,751.0	544.55	1.000	0.00	1.4813 "	544.55
13.50	6,993.9	546.57	1.000	0.00	1.4298 "	546.57
13.55	7,245.5	548.58	1.000	0.00	1.3801 "	548.58
13.60	7,506.4	551.00	1.000	0.00	1.3322 "	551.00
13.65	7,776.4	553.01	1.000	0.00	1.2859 "	553.01
13.70	8,056.4	555.03	1.000	0.00	1.2412 "	555.03
13.75	8,346.2	557.05	1.000	0.00	1.1982 "	557.05
13.80	8,646.7	559.06	1.000	0.00	1.1565 "	559.06
13.85	8,957.8	561.07	1.000	0.00	1.1164 "	561.07
13.90	9,280.3	563.09	1.000	0.00	1.0776 "	563.09
13.95	9,614.1	565.11	1.000	0.00	1.0402 "	565.11
14.00	9,960.2	567.12	1.000	0.00	1.0040 "	567.12
14.05	10,318	569.14	1.000	0.00	9.6914×10⁻⁵	569.14
14.10	10,690	571.15	1.000	0.00	9.3547 "	571.15
14.15	11,075	573.16	1.000	0.00	9.0296 "	573.16
14.20	11,473	575.18	1.000	0.00	8.7160 "	575.18
14.25	11,886	577.20	1.000	0.00	8.4132 "	577.20
14.30	12,314	579.21	1.000	0.00	8.1210 "	579.21
14.35	12,757	581.22	1.000	0.00	7.8393 "	581.22
14.40	13,216	583.24	1.000	0.00	7.5666 "	583.24

x	Sinh x and cosh x +		Tanh x and coth x		Sech x and cosech x −	
14.45	13,692	585.26	1.000	0.00	7.3087×10^{-6}	585.26
14.50	14,184	587.27	1.000	0.00	7.0500 "	587.27
14.55	14,695	589.29	1.000	0.00	6.8050 "	589.29
14.60	15,224	591.30	1.000	0.00	6.5667 "	591.30
14.65	15,773	593.32	1.000	0.00	6.3405 "	593.32
14.70	16,339	595.34	1.000	0.00	6.1208 "	595.34
14.75	16,927	597.35	1.000	0.00	5.9077 "	597.35
14.80	17,536	599.37	1.000	0.00	5.7024 "	599.37
14.85	18,167	601.39	1.000	0.00	5.5044 "	601.39
14.90	18,822	603.40	1.000	0.00	5.3130 "	603.40
14.95	19,498	605.41	1.000	0.00	5.1286 "	605.41
15.00	20,200	607.43	1.000	0.00	4.9504 "	607.43
15.05	20,927	609.44	1.000	0.00	4.7785 "	609.44
15.10	21,680	611.46	1.000	0.00	4.6120 "	611.46
15.15	22,460	613.48	1.000	0.00	4.4528 "	613.48
15.20	23,269	615.49	1.000	0.00	4.2980 "	615.49
15.25	24,106	617.50	1.000	0.00	4.1482 "	617.50
15.30	24,973	619.52	1.000	0.00	4.0040 "	619.52
15.35	25,873	621.54	1.000	0.00	3.8651 "	621.54
15.40	26,802	623.55	1.000	0.00	3.7310 "	623.55
15.45	27,766	625.57	1.000	0.00	3.6012 "	625.57
15.50	28,765	627.59	1.000	0.00	3.4760 "	627.59
15.55	29,802	630.00	1.000	0.00	3.3554 "	630.00
15.60	30,872	632.02	1.000	0.00	3.2390 "	632.02
15.65	31,987	634.04	1.000	0.00	3.1268 "	634.04
15.70	33,140	636.05	1.000	0.00	3.0170 "	636.05
15.75	34,331	638.06	1.000	0.00	2.9129 "	638.06
15.80	35,569	640.08	1.000	0.00	2.8110 "	640.08
15.85	36,846	642.10	1.000	0.00	2.7140 "	642.10
15.90	38,174	644.11	1.000	0.00	2.6200 "	644.11
15.95	39,546	646.12	1.000	0.00	2.5287 "	646.12
16.00	40,970	648.14	1.000	0.00	2.4410 "	648.14
16.05	42,443	650.16	1.000	0.00	2.3561 "	650.16
16.10	43,971	652.17	1.000	0.00	2.2740 "	652.17
16.15	45,553	654.18	1.000	0.00	2.1952 "	654.18
16.20	47,192	656.20	1.000	0.00	2.1190 "	656.20
16.25	48,890	658.22	1.000	0.00	2.0454 "	658.22
16.30	50,649	660.23	1.000	0.00	1.9740 "	660.23
16.35	52,473	662.24	1.000	0.00	1.9055 "	662.24
16.40	54,359	664.26	1.000	0.00	1.8400 "	664.26
16.45	56,316	666.28	1.000	0.00	1.7757 "	666.28
16.50	58,475	668.29	1.000	0.00	1.7100 "	668.29
16.55	60,444	670.31	1.000	0.00	1.6544 "	670.31
16.60	62,619	672.32	1.000	0.00	1.5969 "	672.32
16.65	64,872	674.34	1.000	0.00	1.5415 "	674.34
16.70	67,208	676.35	1.000	0.00	1.4879 "	676.35
16.75	69,626	678.36	1.000	0.00	1.4362 "	678.36
16.80	72,132	680.38	1.000	0.00	1.3863 "	680.38
16.85	74,727	682.40	1.000	0.00	1.3382 "	682.40
16.90	77,418	684.41	1.000	0.00	1.2917 "	684.41
16.95	80,208	686.43	1.000	0.00	1.2468 "	686.43
17.00	83,096	688.45	1.000	0.00	1.2035 "	688.45
17.05	86,080	690.47	1.000	0.00	1.1617 "	690.47
17.10	89,176	692.48	1.000	0.00	1.1214 "	692.48
17.15	92,387	694.49	1.000	0.00	1.0824 "	694.49
17.20	95,711	696.51	1.000	0.00	1.0448 "	696.51
17.25	99,149	698.53	1.000	0.00	1.0086 "	698.53

x	Sinh x and cosh x +		Tanh x and coth x		Sech x and cosech x −	
17.30	102,720	700.54	1.000	0.00	9.7349×10^{-5}	700.54
17.35	106,420	702.55	1.000	0.00	9.3966 "	702.55
17.40	110,250	704.57	1.000	0.00	9.0708 "	704.57
17.45	114,230	706.59	1.000	0.00	8.7551 "	706.59
17.50	118,330	709.00	1.000	0.00	8.4510 "	709.00
17.55	122,590	711.01	1.000	0.00	8.1576 "	711.01
17.60	127,000	713.03	1.000	0.00	7.8741 "	713.03
17.65	131,570	715.05	1.000	0.00	7.6006 "	715.05
17.70	136,300	717.06	1.000	0.00	7.3365 "	717.06
17.75	141,210	719.07	1.000	0.00	7.0817 "	719.07
17.80	146,290	721.09	1.000	0.00	6.8356 "	721.09
17.85	151,550	723.11	1.000	0.00	6.5983 "	723.11
17.90	157,000	725.12	1.000	0.00	6.3710 "	725.12
17.95	162,660	727.13	1.000	0.00	6.1478 "	727.13
18.00	168,520	729.15	1.000	0.00	5.9333 "	729.15
18.05	174,580	731.17	1.000	0.00	5.7281 "	731.17
18.10	180,860	733.18	1.000	0.00	5.5292 "	733.18
18.15	183,530	735.20	1.000	0.00	5.4486 "	735.20
18.20	194,110	737.21	1.000	0.00	5.1517 "	737.21
18.25	201,100	739.23	1.000	0.00	4.9727 "	739.23
18.30	208,330	741.24	1.000	0.00	4.8000 "	741.24
18.35	215,830	743.26	1.000	0.00	4.6332 "	743.26
18.40	223,660	745.27	1.000	0.00	4.4723 "	745.27
18.45	231,650	747.29	1.000	0.00	4.3168 "	747.29
18.50	239,960	749.31	1.000	0.00	4.1671 "	749.31
18.55	248,630	751.32	1.000	0.00	4.0222 "	751.32
18.60	257,570	753.34	1.000	0.00	3.8825 "	753.34
18.65	266,840	755.35	1.000	0.00	3.7476 "	755.35
18.70	276,440	757.37	1.000	0.00	3.6174 "	757.37
18.75	286,390	759.38	1.000	0.00	3.4918 "	759.38
18.80	296,690	761.40	1.000	0.00	3.3698 "	761.40
18.85	307,380	763.41	1.000	0.00	3.2533 "	763.41
18.90	318,570	765.43	1.000	0.00	3.1404 "	765.43
18.95	329,890	767.44	1.000	0.00	3.0313 "	767.44
19.00	341,770	769.46	1.000	0.00	2.9260 "	769.46
19.05	354,060	771.47	1.000	0.00	2.8244 "	771.47
19.10	366,810	773.49	1.000	0.00	2.7262 "	773.49
19.15	380,010	775.50	1.000	0.00	2.6315 "	775.50
19.20	393,690	777.52	1.000	0.00	2.5401 "	777.52
19.25	407,850	779.53	1.000	0.00	2.4519 "	779.53
19.30	422,530	781.55	1.000	0.00	2.3667 "	781.55
19.35	437,730	783.57	1.000	0.00	2.2845 "	783.57
19.40	453,490	785.59	1.000	0.00	2.2051 "	785.59
19.45	469,810	788.00	1.000	0.00	2.1285 "	788.00
19.50	486,720	790.02	1.000	0.00	2.0546 "	790.02
19.55	504,230	792.03	1.000	0.00	1.9832 "	792.03
19.60	522,380	794.05	1.000	0.00	1.9158 "	794.05
19.65	541,290	796.06	1.000	0.00	1.8473 "	796.06
19.70	560,650	798.08	1.000	0.00	1.7897 "	798.08
19.75	580,880	800.09	1.000	0.00	1.6871 "	800.09
19.80	601,730	802.11	1.000	0.00	1.6519 "	802.11
19.85	623,390	804.12	1.000	0.00	1.6041 "	804.12
19.90	645,890	806.14	1.000	0.00	1.5484 "	806.14
19.95	669,070	808.15	1.000	0.00	1.4946 "	808.15
20.00	693,150	810.17	1.000	0.00	1.4496 "	810.17
20.05	718,090	812.18	1.000	0.00	1.3926 "	812.18
20.10	743,930	814.20	1.000	0.00	1.3442 "	814.20

CPSIA information can be obtained
at www.ICGtesting.com
Printed in the USA
LVHW020937210323
742065LV00004B/339